全国医药中等职业技术学校教材

生物化学

全国医药职业技术教育研究会　组织编写
王建新　主编　苏怀德　主审

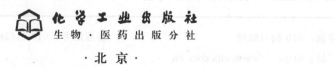

化学工业出版社
生物·医药出版分社
·北京·

图书在版编目（CIP）数据

生物化学/王建新主编．—北京：化学工业出版社，2005.6（2022.2重印）

全国医药中等职业技术学校教材

ISBN 978-7-5025-7333-1

Ⅰ．生…　Ⅱ．王…　Ⅲ．生物化学-技术学校-教材　Ⅳ．Q5

中国版本图书馆CIP数据核字（2005）第074646号

责任编辑：陈燕杰　余晓捷　孙小芳　　　文字编辑：周　倜

责任校对：凌亚男　　　装帧设计：关　飞

出版发行：化学工业出版社　生物·医药出版分社（北京市东城区青年湖南街13号　邮政编码100011）

印　　装：北京七彩京通数码快印有限公司

787mm×1092mm　1/16　印张11¼　字数234千字　　2022年2月北京第1版第17次印刷

购书咨询：010-64518888　　　售后服务：010-64518899

网　　址：http://www.cip.com.cn

凡购买本书，如有缺损质量问题，本社销售中心负责调换。

定　　价：30.00元

《生物化学》编审人员

主　　编　王建新（河南省医药学校）

主　　审　苏怀德（国家食品药品监督管理局）

编写人员（按姓氏笔画排序）

王建新（河南省医药学校）

劳影秀（广州市医药中等专业学校）

杨卫兵（河南省医药学校）

姜秀英（江苏省徐州医药中等专业学校）

全国医药职业技术教育研究会委员名单

会　长　苏怀德　国家食品药品监督管理局

副会长（按姓氏笔画排序）

王书林　成都中医药大学峨眉学院
严　振　广东化工制药职业技术学院
陆国民　上海市医药学校
周晓明　山西生物应用职业技术学院
缪立德　湖北省医药学校

委　员（按姓氏笔画排序）

马孔琛　沈阳药科大学高等职业技术学院
王吉东　江苏省徐州医药高等职业学校
王自勇　浙江医药高等专科学校
左淑芬　河南中医学院药学高职部
白　钢　苏州市医药职工中等专业学校
刘效昌　广州市医药中等专业学校
闫丽霞　天津生物工程职业技术学院
阳　欢　江西中医学院大专部
李元富　山东中医药高级技工学校
张希斌　黑龙江省医药职工中等专业学校
林锦兴　山东省医药学校
罗以密　上海医药职工大学
钱家骏　北京市中医药学校
黄跃进　江苏省连云港中医药高等职业技术学校
黄庶亮　福建食品药品职业技术学院
黄新启　江西中医学院高等职业技术学院
彭　敏　重庆市医药技工学校
彭　毅　长沙市医药中等专业学校
谭骁彧　湖南生物机电职业技术学院药学部

秘书长（按姓氏笔画排序）

刘　佳　成都中医药大学峨眉学院
谢淑俊　北京市高新职业技术学院

全国医药中等职业技术教育教材
建设委员会委员名单

前 言

半个世纪以来，我国中等医药职业技术教育一直按中等专业教育（简称为中专）和中等技术教育（简称为中技）分别进行。自20世纪90年代起，国家教育部倡导同一层次的同类教育求同存异。因此，全国医药中等职业技术教育教材建设委员会在原各自教材建设委员会的基础上合并组建，并在全国医药职业技术教育研究会的组织领导下，专门负责医药中职教材建设工作。

鉴于几十年来全国医药中等职业技术教育一直未形成自身的规范化教材，原国家医药管理局科技教育司应各医药院校的要求，履行其指导全国药学教育、为全国药学教育服务的职责，于20世纪80年代中期开始出面组织各校联合编写中职教材。先后组织出版了全国医药中等职业技术教育系列教材60余种，基本上满足了各校对医药中职教材的需求。

为进一步推动全国教育管理体制和教学改革，使人才培养更加适应社会主义建设之需，自20世纪90年代末，中央提倡大力发展职业技术教育，包括中等职业技术教育。据此，自2000年起，全国医药职业技术教育研究会组织开展了教学改革交流研讨活动。教材建设更是其中的重要活动内容之一。

几年来，在全国医药职业技术教育研究会的组织协调下，各医药职业技术院校认真学习有关方针政策，齐心协力，已取得丰硕成果。各校一致认为，中等职业技术教育应定位于培养拥护党的基本路线，适应生产、管理、服务第一线需要的德、智、体、美各方面全面发展的技术应用型人才。专业设置必须紧密结合地方经济和社会发展需要，根据市场对各类人才的需求和学校的办学条件，有针对性地调整和设置专业。在课程体系和教学内容方面则要突出职业技术特点，注意实践技能的培养，加强针对性和实用性，基础知识和基本理论以必需够用为度，以讲清概念，强化应用为教学重点。各校先后学习了《中华人民共和国职业分类大典》及医药行业工人技术等级标准等有关职业分类、岗位群及岗位要求的具体规定，并且组织师生深入实际，广泛调研市场的需求和有关职业岗位群对各类从业人员素质、技能、知识等方面的基本要求，针对特定的职业岗位群，设立专业，确定人才培养规格和素质、技能、知识结构，建立技术考核标准、课程标准和课程体系，最后具体编制为专业教学计划以开展教学活动。教材是教学活动中必须使用的基本材料，也是各校办学的必需材料。因此研究会首先组织各学校按国家专业设置要求制订专业教学计划、技术考核标准和课程标准。在完成专业教学计划、技术考核标准和课程标准的制订后，以此作为依据，及时开展了医药中职教材建设的研讨和有组织的编写活动。由于专业教学计划、技术考核标准和课程标准都是从现实职业岗位群的实际需要中归纳出来的，因而研究会组织的教材编写活动就形成了以下特点：

1. 教材内容的范围和深度与相应职业岗位群的要求紧密挂钩，以收录现行适用、成熟规范的现代技术和管理知识为主。因此其实践性、应用性较强，突破了传统教材以理论知识为主的局限，突出了职业技能特点。

2. 教材编写人员尽量以产学结合的方式选聘，使其各展所长、互相学习，从而有效地克服了内容脱离实际工作的弊端。

3. 实行主审制，每种教材均邀请精通该专业业务的专家担任主审，以确保业务内容正确无误。

4. 按模块化组织教材体系，各教材之间相互衔接较好，且具有一定的可裁减性和可拼接性。一个专业的全套教材既可以圆满地完成专业教学任务，又可以根据不同的培养目标和地区特点，或市场需求变化供相近专业选用，甚至适应不同层次教学之需。

本套教材主要是针对医药中职教育而组织编写的，它既适用于医药中专、医药技校、职工中专等不同类型教学之需，同时因为中等职业教育主要培养技术操作型人才，所以本套教材也适合于同类岗位群的在职员工培训之用。

现已编写出版的各种医药中职教材虽然由于种种主客观因素的限制仍留有诸多遗憾，上述特点在各种教材中体现的程度也参差不齐，但与传统学科型教材相比毕竟前进了一步。紧扣社会职业需求，以实用技术为主，产学结合，这是医药教材编写上的重大转变。今后的任务是在使用中加以检验，听取各方面的意见及时修订并继续开发新教材以促进其与时俱进、臻于完善。

愿使用本系列教材的每位教师、学生、读者收获丰硕！愿全国医药事业不断发展！

全国医药职业技术教育研究会

2005 年 6 月

编写说明

鉴于职业教育的重新定位和近几年的快速发展，全国医药职业技术教育研究会决定再次编写相关教材。2004 年 12 月，在上海会议上，研究会决定本书为第一批出版教材之一。

本书共分 11 章和 9 个实验。其中第一章、第二章、第八章和第十一章由河南省医药学校的王建新编写；第五章、第六章和第十章由广州市医药中等专业学校的劳影秀编写；第四章和第七章由江苏省徐州医药高等职业学校的姜秀英编写；第三章和第九章由河南省医药学校的杨卫兵编写。在编写过程中，参编人员进行了有益的尝试，对传统生物化学的内容进行了合理选取，根据职业教育特点，以够用为原则，注意了学科的系统性，但不惟学科系统性。尤其是在实验内容的编排上，更是从生产实践出发，力求贴近生产一线，而不是单纯地印证理论内容。

全国医药职业技术教育研究会主任委员苏怀德教授担任本书主审，对全书的框架和具体内容做了认真的审核，并提出了许多修改意见。在此，全体编委对苏怀德教授的悉心指导表示衷心的感谢。

由于编者水平有限，且编写时间仓促，本书难免有不足之处。恳请广大师生在使用过程中提出宝贵的意见，以便再版时修改。

编　者

2005 年 3 月

目　录

第一章　绪论……1
第一节　生物化学的概念及任务……1
一、生物化学的概念……1
二、生物化学的任务……1
第二节　生物化学与医药学的关系……2
第三节　学习本教材的方法……2
第二章　蛋白质化学……4
第一节　蛋白质的化学组成……4
一、蛋白质的元素组成……4
二、蛋白质的基本结构单位——氨基酸……4
第二节　蛋白质的分子结构……7
一、蛋白质的一级结构……7
二、蛋白质的空间结构……8
第三节　蛋白质的理化性质……10
一、蛋白质的两性电离与等电点……10
二、蛋白质的胶体性质……11
三、蛋白质的变性作用……11
四、蛋白质的沉淀反应……12
五、蛋白质的颜色反应……13
六、蛋白质的吸收光谱特点……14
第四节　蛋白质的分类……14
一、根据分子形状分类……14
二、根据化学组成分类……14
第三章　核酸化学……16
第一节　核酸分子的化学组成……16
一、核酸的元素组成……16
二、核酸分子的基本组成单位——单核苷酸……16
三、核苷酸的衍生物……18
第二节　DNA 的分子组成和结构……20
一、DNA 的分子组成……20
二、DNA 的分子结构……20
第三节　RNA 的分子组成和结构……22

一、RNA 的分子组成 …… 22
二、RNA 的分子结构 …… 22
第四节 核酸的理化性质 …… 24
一、核酸的相对分子质量 …… 24
二、核酸的溶解性和黏度 …… 24
三、核酸的酸碱性 …… 24
四、核酸的紫外吸收 …… 24
五、核酸的变性和复性 …… 24
第五节 核酸的分离提纯和定量测定 …… 25
一、核酸的提取 …… 25
二、核酸含量的测定 …… 25
第四章 酶 …… 28
第一节 概述 …… 28
一、酶的概念 …… 28
二、酶催化作用的特点 …… 28
三、酶的分子组成 …… 29
四、酶的命名和分类 …… 30
第二节 酶的结构特点和催化机制 …… 31
一、酶的结构特点 …… 31
二、酶的催化机制 …… 33
第三节 影响酶促反应速度的因素 …… 33
一、酶浓度的影响 …… 33
二、底物浓度的影响 …… 34
三、pH 的影响 …… 35
四、温度的影响 …… 35
五、激活剂的影响 …… 36
六、抑制剂的影响 …… 36
第四节 固定化酶 …… 38
一、固定化酶的概念和优点 …… 38
二、固定化酶的制备方法 …… 39
三、固定化酶在医药工业中的应用 …… 40
第五节 酶的分离提纯及活力测定 …… 40
一、酶的分离 …… 40
二、酶的纯化 …… 41
三、酶活力的测定 …… 41
第五章 维生素 …… 43
第一节 概述 …… 43

一、维生素的概念 …… 43
二、维生素缺乏症和过多症 …… 43
第二节 脂溶性维生素 …… 44
一、维生素A …… 44
二、维生素D …… 45
三、维生素E …… 46
四、维生素K …… 47
第三节 水溶性维生素 …… 47
一、维生素B_1 …… 48
二、维生素B_2 …… 49
三、维生素PP …… 49
四、维生素B_6 …… 51
五、泛酸 …… 51
六、生物素 …… 52
七、叶酸 …… 52
八、维生素B_{12} …… 53
九、维生素C …… 54
第六章 糖代谢 …… 56
第一节 糖类及其功能 …… 56
一、糖的概念 …… 56
二、糖的功能 …… 56
第二节 糖的分解代谢 …… 57
一、糖的无氧分解 …… 57
二、糖的有氧氧化 …… 61
三、磷酸戊糖途径 …… 67
第三节 糖原合成与分解 …… 69
一、糖原的合成 …… 69
二、糖原的分解 …… 70
三、糖异生作用 …… 70
第四节 血糖及血糖的调节 …… 71
一、血糖的来源和去路 …… 71
二、激素对血糖的调节 …… 72
三、糖代谢紊乱 …… 73
第七章 脂类代谢 …… 76
第一节 概述 …… 76
一、脂类的概念 …… 76
二、脂类的分布及生理功能 …… 78

第二节　脂类的贮存、动员和运输 …………………………………………………… 79
一、脂类的贮存 …………………………………………………………………… 79
二、脂类的动员 …………………………………………………………………… 79
三、脂类的运输——血浆脂蛋白 ………………………………………………… 80
四、高脂血症与高脂蛋白血症 …………………………………………………… 82
第三节　脂肪代谢 …………………………………………………………………… 83
一、脂肪的分解代谢 ……………………………………………………………… 83
二、脂肪的合成代谢 ……………………………………………………………… 87
第四节　类脂代谢 …………………………………………………………………… 88
一、磷脂的代谢 …………………………………………………………………… 88
二、胆固醇的代谢 ………………………………………………………………… 90
第八章　蛋白质分解代谢 ……………………………………………………………… 93
第一节　概述 ………………………………………………………………………… 93
一、食物蛋白质的营养作用 ……………………………………………………… 93
二、氮平衡 ………………………………………………………………………… 93
三、必需氨基酸 …………………………………………………………………… 94
第二节　氨基酸的一般代谢 ………………………………………………………… 94
一、氨基酸的来源与去路 ………………………………………………………… 94
二、氨基酸的脱氨基作用 ………………………………………………………… 95
三、氨的去路 ……………………………………………………………………… 97
四、α-酮酸的代谢 ………………………………………………………………… 99
五、氨基酸的脱羧基作用 ………………………………………………………… 100
六、胺的分解 ……………………………………………………………………… 101
第三节　个别氨基酸的代谢 ………………………………………………………… 101
第九章　核酸代谢和蛋白质合成 ……………………………………………………… 103
第一节　核酸的分解代谢 …………………………………………………………… 103
一、核酸的降解作用 ……………………………………………………………… 103
二、嘌呤的分解 …………………………………………………………………… 104
三、嘧啶的分解 …………………………………………………………………… 104
第二节　核酸的合成代谢 …………………………………………………………… 105
一、核苷酸的合成 ………………………………………………………………… 105
二、DNA 的复制 …………………………………………………………………… 107
三、RNA 的转录 …………………………………………………………………… 110
第三节　蛋白质的生物合成 ………………………………………………………… 112
一、RNA 在蛋白质合成中的作用 ………………………………………………… 112
二、蛋白质的合成过程 …………………………………………………………… 113
第十章　物质代谢的相互联系及代谢调控 …………………………………………… 115

第一节　新陈代谢的概念…………………………………………………………………… 115
一、新陈代谢…………………………………………………………………………… 115
二、物质代谢及能量代谢…………………………………………………………… 115
三、同化作用和异化作用…………………………………………………………… 116
四、合成代谢和分解代谢…………………………………………………………… 116
五、中间代谢…………………………………………………………………………… 116
第二节　物质代谢的相互联系……………………………………………………… 116
一、糖类代谢与脂类代谢的相互联系……………………………………………… 117
二、糖类代谢与蛋白质代谢的相互联系…………………………………………… 117
三、脂类代谢与蛋白质代谢的相互联系…………………………………………… 117
四、核酸代谢与糖代谢、脂类代谢及蛋白质代谢的相互联系…………………… 118
第三节　代谢调控…………………………………………………………………… 119
一、细胞或酶水平的调节…………………………………………………………… 119
二、激素水平的调节………………………………………………………………… 122
三、整体水平综合调节……………………………………………………………… 125
第十一章　生化药物………………………………………………………………… 127
第一节　生化药物概述……………………………………………………………… 127
一、生化药物的概念………………………………………………………………… 127
二、生化药物的来源………………………………………………………………… 127
第二节　生化药物发展概况………………………………………………………… 128
一、氨基酸、多肽及蛋白质类药物………………………………………………… 128
二、酶类药物………………………………………………………………………… 129
三、核酸及其降解物和衍生物类药物……………………………………………… 130
四、多糖类药物……………………………………………………………………… 130
五、脂类药物………………………………………………………………………… 131
第三节　生化制药工艺与技术……………………………………………………… 132
一、生化药物材料的选取和预处理………………………………………………… 132
二、组织细胞的粉碎………………………………………………………………… 132
三、生化药物的提取………………………………………………………………… 133
四、生化药物的分离纯化…………………………………………………………… 134
五、生化药物的后处理……………………………………………………………… 137
实验一　蛋白质的颜色反应………………………………………………………… 139
实验二　蛋白质的沉淀反应………………………………………………………… 143
实验三　细胞色素 c 的制备………………………………………………………… 147
实验四　血清蛋白醋酸纤维薄膜电泳……………………………………………… 150
实验五　DNA 与 RNA 的制备……………………………………………………… 153
实验六　酶的性质…………………………………………………………………… 155

实验七　影响酶促反应速度的因素…………………………………………………… 157
实验八　发酵过程中无机磷的利用…………………………………………………… 159
实验九　氨基移换反应的定性鉴定…………………………………………………… 161
参考文献……………………………………………………………………………… 164

第一章　绪　论

第一节　生物化学的概念及任务

一、生物化学的概念

生物化学就是用化学的方法从分子水平来研究生物体内基本物质的化学组成、理化性质和生命活动中所进行的化学变化的规律及其与生理机能的关系的一门科学。简言之，就是研究生命现象本质的科学。

二、生物化学的任务

在生物化学的概念中已经包含着生物化学的任务，那就是研究组成生物体的物质、化学组成、化学性质、化学变化、生理机能的内涵和联系。

组成生物体的物质有蛋白质、核酸、激素、维生素、糖类、脂类、无机盐和水等。生物化学的任务之一就是研究这些物质的化学组成、理化性质、生理功能以及结构与功能的关系。通常将这些内容称为“静态生物化学”。

生物化学的另一个任务就是研究新陈代谢的规律。上述物质在生命活动过程中并不是静止的，而是不断地进行着互相联系、互相制约、多种多样且复杂又有规律的化学变化，这就是通常所说的新陈代谢。新陈代谢是生命的基本特征之一，代谢速度的过快和过慢就是病态，代谢停止就是生命的终结。

- 新陈代谢
  - 物质代谢
    - 合成代谢
    - 分解代谢
  - 能量代谢

新陈代谢包括物质代谢和能量代谢；物质代谢又包括合成代谢和分解代谢。合成代谢一般是指小分子合成大分子，即利用吸收的外源性营养物质和体内的原有物质，在能量的作用下，合成生物体的自身结构物质和具有生物活性的物质，使生物体得以生长、发育、繁殖、更新、修补，从而保证一个健康的机体。分解代谢就是指大分子降解为小分子或代谢产物的过程，在分解代谢过程中，伴随着能量的释放，释放的能量又可供合成代谢之所需。所以物质代谢过程中又始终贯穿着能量代谢。通过合成代谢，生物体不断地摄取外界营养物质并将其转化为自身物质；通过分解代谢，又将自身的结构物质不断地分解，并将其中的代谢废物排出体外。生命就是如此往复，即所谓的新陈代谢。生物化学的这部分内容通常被称为“动态生物化学”。

第二节 生物化学与医药学的关系

生物化学与医药学有着密切的联系，是医药学中的一门重要的专业基础课。人体解剖学是解决“是什么”，即组成人体的组织、器官等各是什么名称，在什么部位等。而生物化学和生理学等就是回答“为什么”，为什么人类要吃饭，为什么要吃糖、脂肪、蛋白质和维生素等，这些物质在消化道如何吸收，进入体内如何转化，人的生命之力是什么，是怎么生成的等。只不过生物化学是从化学角度回答这些“为什么”罢了。所以有生物化学就是“生命的化学”之说。

生物化学在药学上的重要性还在于它为理解药物的作用打下基础。例如，侧重研究药物在体内的代谢转化和代谢动力学以及药物作用机制的近代药理学，目前已发展为生化药理学和分子药理学，后者是在分子水平上研究药物如何与生物大分子相互作用的机制。不论是生化药理学还是分子药理学的研究都离不开生物化学的有关理论和技术。

生化制药工艺学更是始终紧紧围绕着生物化学的相关内容。生化药物本身是生物体内的活性物质，在提取这类药物时，必须了解其结构、理化性质，也必须利用生化技术进行提取。近代药剂学的一个分支——生物药剂学是研究不同剂型的药物在体内的作用过程，从而阐明药物剂型因素、生物因素与疗效之间的关系的一门学科。对生物药剂学的学习必须建立在生物化学的基础上。

生物化学与药学的其他学科也有着广泛联系。例如，药物化学就是研究药物的性质、合成以及药物的构效关系。应用生物化学的理论可为新药设计提供依据，以减少寻找新药的盲目性，从而提高寻找新药的效率。事实上，目前在临床上得到广泛使用的许多药物就是利用生物化学的理论或者受相关知识的启发研制出来的。如长效胰岛素的研制就是利用等电点的知识；许多抗过敏药物、抗溃疡药物和抗菌药物的研制也是建立在生化理论的基础上的，如抗过敏药物中的 H_1 受体拮抗剂（苯海拉明）、抗溃疡的 H_2 受体拮抗剂（雷尼替丁）和磺胺类抗菌药等。由此可见生物化学在医药学中的重要位置。

第三节 学习本教材的方法

生物化学的许多知识是建立在无机化学和有机化学以及解剖生理学的基础上的。所以在学习这门课程之前，一定要学好上述几门课程，尤其是有机化学的有关知识。

生物化学是一门理论性和实践性都较强的科目，内容复杂、抽象。结合中职特点和就业的需要，在学习中应重点掌握基本理论、基本技术。此次重编这本教材，在有关章节上做了调整，在学习时要注意前后章节的联系。对众多的体内化学反应过程，重点在于理解其存在的意义和各种物质代谢之间的有机联系，不必掌握具体步骤。生命是一个有机整体，组成体内的物质既有联系又有区别，在学习时，要注意归纳对比。只要充分发挥主观能动性，在有一定化学知识的基础上就一定能学好这门课程。

习　题

1. 何谓生物化学？
2. 生物化学与医药学的关系是什么？

（王建新）

第二章　蛋白质化学

蛋白质（protein）是构成生物体的基本物质之一，凡是有生命的物体均含有蛋白质。并且它又是构成生物体最重要的物质，因为蛋白质的生物学功能广泛，如催化作用、代谢调节作用、免疫防护、运动作用、物质的转运与贮存、生长和繁殖等。这些作用是体内其他物质所不可替代的。因此学习蛋白质化学的有关知识是打开生命奥秘之门的钥匙。

蛋白质与制药关系密切。有些药物本身就是蛋白质，如胰岛素、细胞色素C等；有些药物与蛋白质共存。在制取这些药物的过程中，必然会遇到蛋白质的分离问题。学习蛋白质化学的有关知识就为制药实践打下理论基础。

第一节　蛋白质的化学组成

一、蛋白质的元素组成

自然界存在的蛋白质种类繁多，估计有100亿种之多，即使是人体内也有十万余种。虽然其种类如此之多，但是组成蛋白质的元素主要是碳、氢、氧、氮四大类，而且其含氮量非常恒定，平均为16%，故而可以通过检测某一食品或者药品的含氮量，间接地测出其蛋白质含量。

每克样品中的蛋白质的含量＝每克样品中含氮量×6.25

组成蛋白质的元素中，除了上述四大元素外，有的还含有硫、磷、铁、锰、碘和锌等。在检测一些特殊蛋白质时，可以利用其含的微量元素作为检测要素。

二、蛋白质的基本结构单位——氨基酸

蛋白质分子量大、种类多、结构复杂，但蛋白质通过水解后，其水解产物都是氨基酸。因此认定组成蛋白质的基本结构单位是氨基酸。

（一）氨基酸的结构及特点

组成蛋白质的氨基酸常见的有20种，其结构可用下列通式表示：

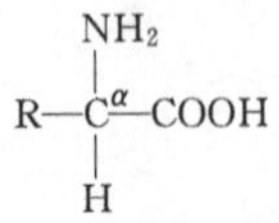

虽然20种氨基酸的结构各不相同，但都具有下列特点。

① 所有的氨基酸都是在α-碳原子上连接一个酸性的羧基和一个碱性的氨基，所以组成蛋白质的氨基酸都是α-氨基酸，但脯氨酸是α-亚氨基酸。

② 除甘氨酸外，组成蛋白质的氨基酸都是L-型。体内存在D-型氨基酸，但不参与蛋白质的组成。用碱法水解蛋白质，会使水解产物氨基酸发生旋光异构现象，出现L-型氨基酸和D-型氨基酸。

③ 20种氨基酸的不同点在于其侧链R基团的不同。R基团的不同对氨基酸的理化性质和蛋白质的三维结构有重要影响。

（二）氨基酸的分类

氨基酸的分类依据有多种，按照R基团的不同进行分类能更好地反映出蛋白质的性质及功能。

（1）酸性氨基酸 其R基团含羧基，在pH为7时，羧基完全解离而使氨基酸带负电荷。这类氨基酸有两种，即谷氨酸和天冬氨酸。

（2）碱性氨基酸 其R基团含氨基，在pH为7时，氨基完全解离而使氨基酸带正电荷。这类氨基酸有3种，即组氨酸、赖氨酸和精氨酸。

（3）非极性或疏水性氨基酸 其R基团是疏水性的。这类氨基酸有8种，即丙氨酸、缬氨酸、亮氨酸、异亮氨酸、蛋氨酸、苯丙氨酸、色氨酸和脯氨酸。

（4）极性非解离氨基酸 其R基团具有极性，但在中性溶液中不解离。这类氨基酸有7种，即甘氨酸、丝氨酸、苏氨酸、酪氨酸、半胱氨酸、天冬酰胺和谷氨酰胺。

上述氨基酸的结构及分类见表2-1。

表2-1 氨基酸的结构及分类

分 类	名 称	简写符号	结 构 式	相对分子质量	等电点(p*I*)
碱性氨基酸	组氨酸	His	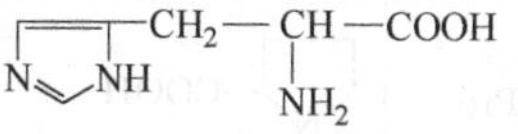	155.16	7.59
	赖氨酸	Lys	$H_2N—(CH_2)_3—CH_2—CH(NH_2)—COOH$	146.13	9.14
	精氨酸	Arg	$H_2N—C(=NH)—NH—(CH_2)_3—CH(NH_2)—COOH$	174.14	10.76
酸性氨基酸	谷氨酸	Glu	$HOOC—CH_2—CH_2—CH(NH_2)—COOH$	147.08	3.22
	天冬氨酸	Asp	$HOOC—CH_2—CH(NH_2)—COOH$	133.60	2.77
极性非解离氨基酸	甘氨酸	Gly	$CH_2(NH_2)—COOH$	75.05	5.97
	丝氨酸	Ser	$HO—CH_2—CH(NH_2)—COOH$	105.6	5.68
	苏氨酸	Thr	$CH_3—CH(OH)—CH(NH_2)—COOH$	119.08	6.17

续表

分类	名称	简写符号	结构式	相对分子质量	等电点(p*I*)
极性非解离氨基酸	半胱氨酸	Cys	$HS-CH_2-CH(NH_2)-COOH$	121.12	5.07
	酪氨酸	Tyr	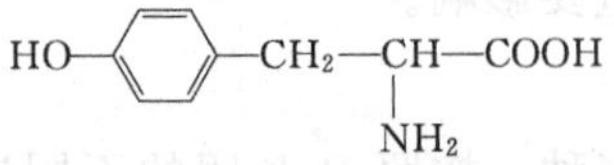	181.09	5.66
	天冬酰胺	Asn	$H_2N-C(=O)-CH_2-CH(NH_2)-COOH$	132.12	5.41
	谷氨酰胺	Gln	$H_2N-C(=O)-CH_2-CH_2-CH(NH_2)-COOH$	146.15	5.65
非极性或疏水性氨基酸	丙氨酸	Ala	$CH_3-CH(NH_2)-COOH$	89.06	6.0
	缬氨酸	Val	$CH_3CH(CH_3)-CH(NH_2)-COOH$	117.09	5.96
	亮氨酸	Leu	$CH_3-CH(CH_3)-CH_2-CH(NH_2)-COOH$	131.11	5.98
	异亮氨酸	Ile	$CH_3-CH_2-CH(CH_3)-CH(NH_2)-COOH$	131.11	6.02
	脯氨酸	Pro	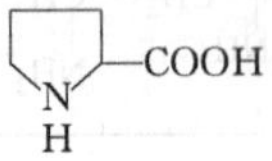	115.13	6.30
	苯丙氨酸	Phe	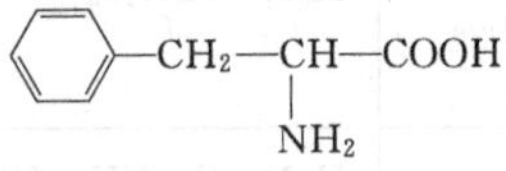	165.09	5.48
	色氨酸	Trp	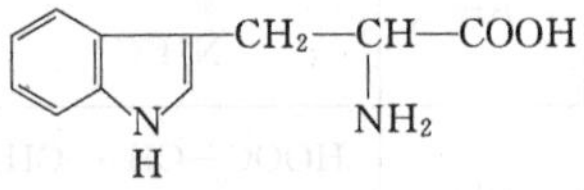	204.22	5.89
	蛋氨酸	Met	$CH_3-S-(CH_2)_2-CH(NH_2)-COOH$	149.15	5.47

(三) 氨基酸的性质

1. 氨基酸的物理性质

天然氨基酸呈无色结晶，其晶形各异。熔点高。在水中的溶解度各不相同，易溶于酸、碱，一般不溶于有机溶剂。

2. 两性电离性质

氨基酸分子中的羧基可以电离出质子而呈负电性，氨基可以接受质子而呈正电性，故氨基酸是两性电解质。

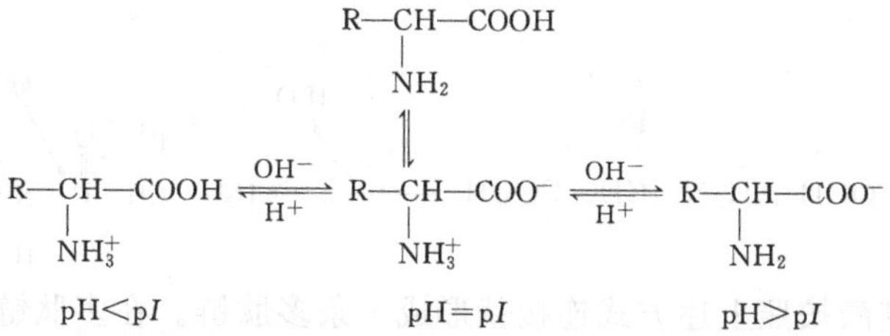

氨基酸在溶液中的带电情况与溶液的 pH 有关。能使氨基酸分子所带的正、负电荷相等，净电荷为零时的溶液 pH，称为该氨基酸的等电点，以 p*I* 表示。各种氨基酸由于其 R 基团的不同，其等电点也各不相同（参见表 2-1）。氨基酸在等电点时由于分子之间的相斥作用消失，溶解度最低而易于沉淀。氨基酸在大于等电点的环境中带负电荷，反之带正电荷。因此可以利用氨基酸的等电点的不同进行氨基酸的测定和分离。

3. 氨基酸与茚三酮反应

氨基酸与水合型茚三酮在弱酸性溶液中加热可以生成蓝紫色化合物。这一反应的原理就是利用氨基酸的氨基与茚三酮的结合。因此凡是具有氨基的物质都可以有此反应结果。由于脯氨酸是 *α*-亚氨基酸，其反应的结果是生成黄色化合物。该反应非常灵敏，数微克的氨基酸即可显色。但对蛋白质，由于其分子量较大，反而灵敏度较差。

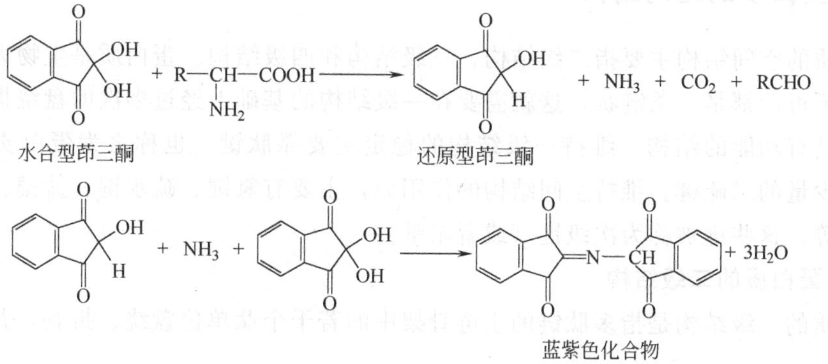

第二节　蛋白质的分子结构

不同种类的蛋白质，功能各异，其分子量和结构也各不相同。学习蛋白质分子结构的有关知识，将有助于理解蛋白质的功能和性质。蛋白质的分子结构包括一级结构和空间结构（也称三维结构）。

一、蛋白质的一级结构

所谓蛋白质的一级结构就是指不同种类及不同数量的氨基酸按照特定的排列顺序通过肽键连接而成的多肽链。

氨基酸与氨基酸之间通过肽键（—CO—NH—）相连，即称为肽。肽键与相邻的两个 *α*-碳原子（即—C_{α_1}—CO—NH—C_{α_2}—）都处在同一个平面上，此平面称为肽平面（或称为肽单位）。最简单的肽就是两个氨基酸形成的二肽。3 个氨基酸组成的叫三肽，多个氨基酸组成的叫多肽。

$$H_2N-\underset{\underset{R^1}{|}}{C}H-COOH + H_2N-\underset{\underset{R^2}{|}}{C}H-COOH \longrightarrow H_2N-\underset{\underset{R^1}{|}}{C}H-\overset{\overset{O}{\|}}{C}-\underset{\underset{H}{|}}{N}-\underset{\underset{R^2}{|}}{C}H-COOH$$

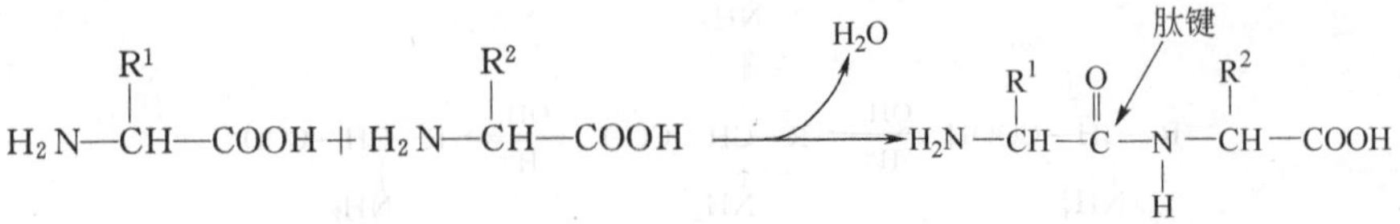

不同种类的氨基酸按照上述方式连接就形成一条多肽链。在多肽链中的氨基酸已经不是其完整的结构，故称之为氨基酸残基。在一条多肽链中，含自由 α-氨基的一端称为氨基末端（N-末端），含自由 α-羧基的一端称为羧基末端（C-末端）。一般在书写时先写氨基末端，最后写羧基末端。

蛋白质的一级结构是其高级结构的基础。不同种类的蛋白质的一级结构不同，其功能也不同。研究蛋白质一级结构中氨基酸的排列顺序，对于阐明某些疾病的发生、蛋白质类和肽类激素等物质的作用原理以及研制新药有重要意义。如促肾上腺皮质激素（ACTH）由 39 个氨基酸残基组成，功能部位是氨基末端第 1～24 个氨基酸残基，第 25～39 个氨基酸残基为遗传标志。这就启示人们在用化学方法合成 ACTH 时，只需要合成 24 肽即可获得其生物学功能。

二、蛋白质的空间结构

蛋白质的空间结构主要指二级结构、三级结构和四级结构。蛋白质是生物大分子，其功能结构不可能都是一条链状，这就需要在一级结构的基础上经过多次的盘绕折叠，成为一个最终具有功能的结构。维持一级结构的稳定主要靠肽键，也称之为蛋白质结构的主键，另有少量的二硫键。维持空间结构的作用力，主要有氢键、疏水键、盐键、配位键和范德华力等，这些键被称为次级键（或者副键）。

（一）蛋白质的二级结构

蛋白质的二级结构是指多肽链的主链骨架中的若干个肽单位盘绕、折叠，并以氢键为

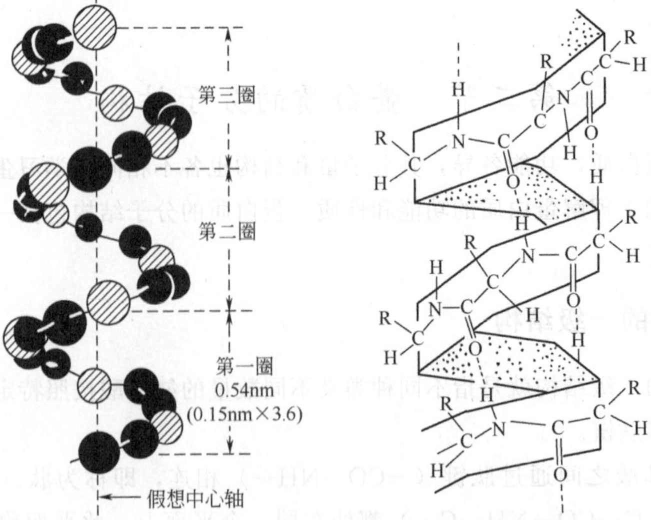

图 2-1　α-螺旋结构示意

主要次级键形成有规则的构象，如α-螺旋、β-片层（图2-1、图2-2）。某些蛋白质中还存在U形转折结构，称为β-折角。还有的存在无规则卷曲结构。蛋白质的二级结构是以α-螺旋、β-片层为主要构象，一条多肽链可以含有几种不同的二级结构。

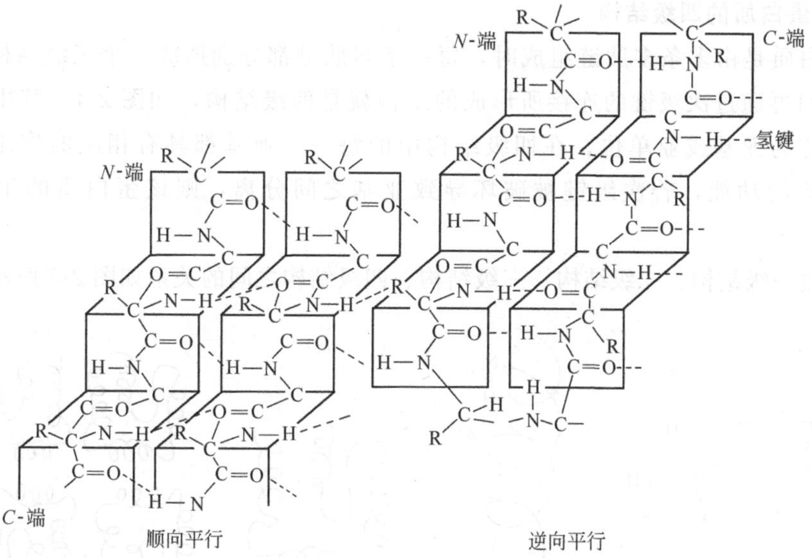

图2-2　β-片层结构示意

（二）蛋白质的三级结构

蛋白质的三级结构就是指在二级结构的基础上多肽链进一步折叠盘旋成更加复杂然而又是有规律的结构。如图2-3。

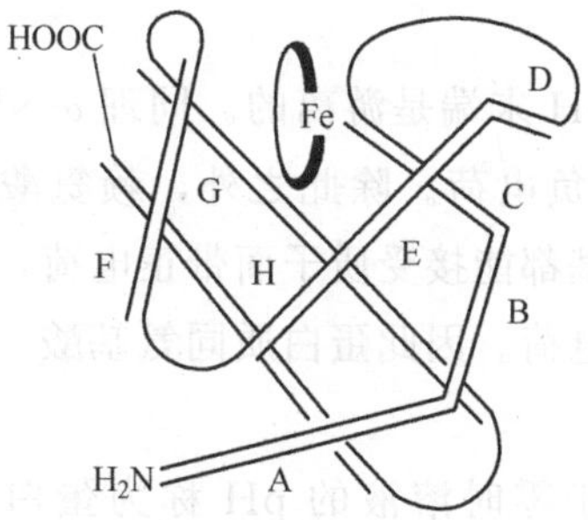

图2-3　蛋白质三级结构示意

A～H代表α-螺旋区

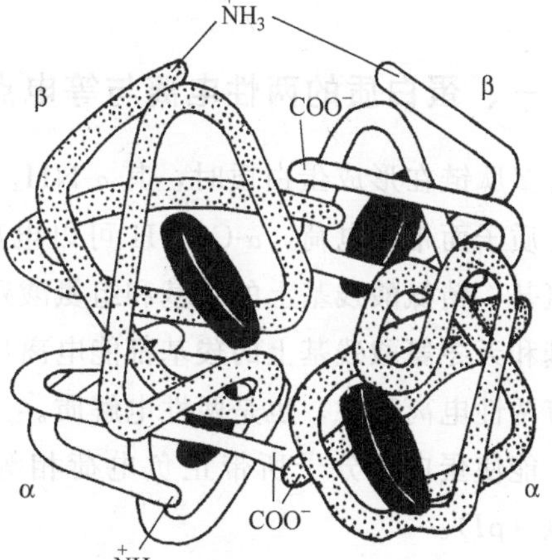

图2-4　蛋白质四级结构示意

维持三级结构的主要作用力是多肽链中各氨基酸残基侧链上的功能基团相互作用生成的各种次级键，如盐键、氢键等，其中疏水的侧链基团居于分子内部形成的疏水键是主要力量。

对于只有一条多肽链组成的蛋白质而言，三级结构是其最终结构，也就是具备生物学功能的结构。若蛋白质的三级结构遭到严重破坏，就会导致其生物学功能的丧失。由两条及两条以上多肽链组成的蛋白质，还具有四级结构。

（三）蛋白质的四级结构

当蛋白质是由多条多肽链组成时，每一条多肽链都分别形成一个三级结构，这些三级结构之间再通过次级键的连接所形成的结构就是四级结构，如图 2-4。其中的每一个三级结构称为亚基或亚单位。在四级结构中的每一个亚基都具有相应的作用，共同承担该蛋白质的功能，若次级键被破坏导致亚基之间分离，则该蛋白质的生物学功能丧失。

蛋白质一级结构、二级结构、三级结构、四级结构之间的关系如图 2-5 所示。

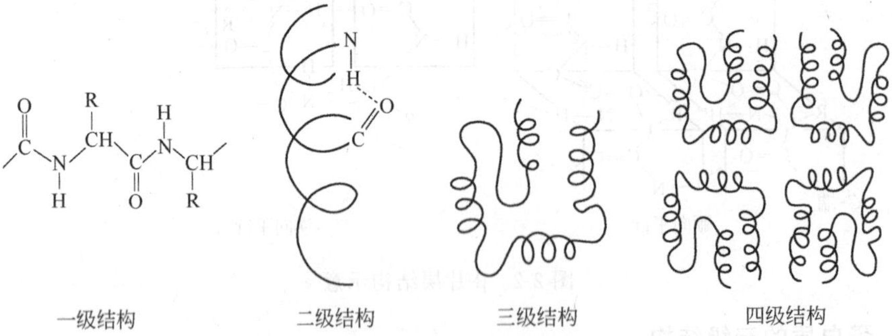

图 2-5　蛋白质一级结构、二级结构、三级结构、四级结构关系示意

第三节　蛋白质的理化性质

一、蛋白质的两性电离与等电点

多肽链在形成蛋白质时，其 α-NH_2 末端和 α-COOH 末端是游离的。同理 α-NH_2 可以接受质子而带正电荷，α-COOH 可以电离出质子而带负电荷。除此之外，赖氨酸残基上的氨基、精氨酸残基上的胍基和组氨酸残基上的咪唑基都能接受质子而带正电荷，谷氨酸残基和天冬氨酸残基上的羧基都能电离出质子而带负电荷。因此蛋白质同氨基酸一样，也具有两性电离特性，也是两性电解质。

能使蛋白质分子所带正负电荷相等，净电荷等于零时溶液的 pH 称为蛋白质的等电点（pI）。

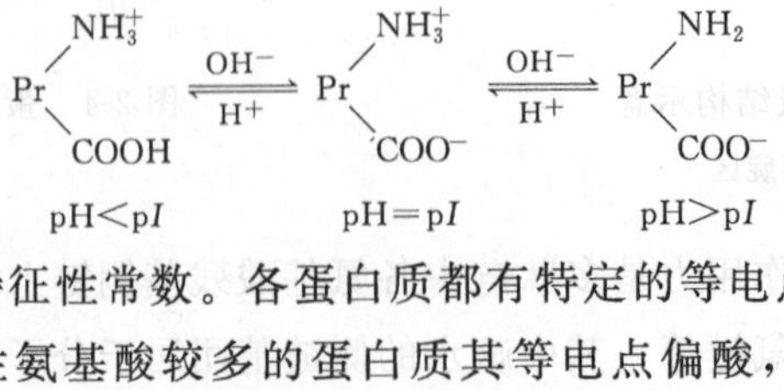

等电点是蛋白质的特征性常数。各蛋白质都有特定的等电点，这与其所含氨基酸的种类和数量有关。含酸性氨基酸较多的蛋白质其等电点偏酸，如胃蛋白酶含酸性氨基酸 37 个，碱性氨基酸 6 个，该蛋白质的等电点为 pH1.0；含碱性氨基酸较多的蛋白质等电点偏碱，如细胞色素C含碱性氨基酸25个，酸性氨基酸12个，该蛋白质的等电点为pH9.8；酸性和碱性氨基酸个数相等时，该蛋白质的等电点仍然是稍微偏酸的，如胰岛素含酸性和碱性氨基酸各4个，其等电点为pH5.35。体内多数蛋白质的等电点在pH5左右，因此，在生理条件下（pH=7.4），它们多带负电荷。这样带负电荷的蛋白质就可以与带正电荷的无机离子（如Na^+、K^+）相结合，从而起到贮存无机离子的作用。

蛋白质等电点的理论，对于制药实践具有指导和启发作用。蛋白质在等电点时溶解度最小，易于从溶液中沉淀析出，利用此特点，可进行蛋白质的分离。还可用于延长药效。如普通胰岛素等电点为pH5.3，注入体内呈负电性。同性电荷的相斥作用，使其在体内分散较快，4～6h后逐渐在肝、肾经酶分解而灭活，只能维持6～8h的作用。将普通胰岛素与碱性的鱼精蛋白混合后，其等电点上升到pH7.4。再将此混合物注入体内，由于其等电点与内环境pH一致，所以分子所带正负电荷相等。由于此时溶解度最低，被灭活的时间大大延长，可以维持药效24～36h。

二、蛋白质的胶体性质

蛋白质是生物大分子，分子质量一般都在10^4～10^6Da或更高，更有甚者如烟草花叶病毒蛋白质的分子质量高达40×10^6Da。由于分子质量大，其颗粒直径约1～100nm，属胶体颗粒范围，所以蛋白质是胶体物质。

蛋白质是亲水胶体。构成亲水胶体的两个因素是蛋白质颗粒表面的水膜和同性电荷。

蛋白质颗粒表面有很多亲水基团，如氨基、羧基、巯基、羟基和酰氨基等。这些亲水基团与水结合，从而使蛋白质的颗粒表面形成水膜。由于水膜的相隔作用，阻止了蛋白质颗粒之间的聚集而不易沉淀。

蛋白质分子在大于等电点的溶液中，颗粒表面以负电荷为主；在小于等电点时，蛋白质颗粒表面以正电荷为主。这种同性电荷的相斥作用，也会使溶液中的蛋白质颗粒不易聚集而沉淀。

蛋白质的亲水胶体性质具有重要的生理意义。每克蛋白质约含0.3～0.5g水。血液中的蛋白质通过与水的结合，可维持有效的血容量。若血液中蛋白质含量减少，就会影响血管内外水的交换，从而引起水肿。细胞内原生质中的代谢活动需要水的参与，水既是良好的溶剂，也有利于反应过程中吸收热量。而这些都与原生质中的蛋白质的亲水性有关。

蛋白质的亲水胶体性质也是蛋白质分离、纯化方法的基础。要想使蛋白质自溶液中分离出来，只需要破坏蛋白质颗粒表面的水膜和同性电荷即可。又由于蛋白质的颗粒直径较大，不能透过半透膜，据此，可以用透析的方法除去蛋白质提取物中的无机离子等小分子杂质。

三、蛋白质的变性作用

天然蛋白质受某些物理和化学因素的影响，空间结构从有秩序的紧密构造转变为无序散漫的结构，导致生物学活性的丧失和理化性质的改变，这种现象称为蛋白质的变性作用。

能引起变性的物理因素有高温、高压、超声波、剧烈震动、紫外线、X射线等；化学因素有强酸、强碱、重金属盐、高浓度尿素、有机溶剂等。上述因素会使维系蛋白质空间结构的次级键发生断裂，这就是变性的实质。

蛋白质的生物学活性是通过有序的空间结构体现出来的，一旦空间结构被破坏，其生物学活性也必将发生变化。但由于蛋白质的变性不涉及一级结构的改变，所以有些已经变性的蛋白质在引起变性的因素去除后又能恢复其天然的结构和功能，这种现象称为复性。

蛋白质发生变性后理化性质也发生改变。其中最重要的变化就是溶解度降低。疏水性氨基酸在形成蛋白质时藏于分子内部，变性后其暴露在分子表面，即导致了蛋白质的溶解度降低。但在偏酸或者偏碱的溶液中，变性的蛋白质仍可保持溶解状态。此外，变性的蛋白质失去结晶能力、黏度增加以及易于被酶水解等。

蛋白质的变性理论对制药实践具有重要的指导意义。在制备有生物活性的酶、蛋白质激素或其他生物制品时，要尽量避免变性因素的干扰。明胶蛋白、基质、抑制剂以及某些金属离子可以增强蛋白质的抗变性能力。而在去除杂质蛋白时，尽可利用变性因素。如从中草药中提取有效成分时，可用加热或者浓酒精的方法去除植物蛋白。许多灭菌方法的原理就是使蛋白质发生变性。

四、蛋白质的沉淀反应

所谓蛋白质的沉淀就是蛋白质分子聚集而从溶液中析出的现象。蛋白质的沉淀反应有重要的实用价值，如蛋白质类药物的分离制备、灭菌技术，生物样品的分析，杂质大蛋白的去除等都要涉及此类反应。蛋白质的沉淀方法有如下几种。

1. 中性盐沉淀反应

将高浓度的中性盐加入蛋白质溶液中，使蛋白质从溶液中沉淀析出的现象称为盐析。常用的中性盐有 NaCl、NH_4Cl、$MgCl_2$、$(NH_4)_2SO_4$等。中性盐在水中溶解度大，能和蛋白质颗粒争夺与水的结合，从而破坏水膜；其次是这些中性盐在水中解离作用强，能中和蛋白质分子表面的电荷。蛋白质颗粒在水中赖以稳定的两个因素均被破坏，所以自溶液中沉淀析出。由于不触及蛋白质分子的内部结构，所以用此方法沉淀的蛋白质不变性。因此本法是分离制备酶、激素等具有生物活性的蛋白类药物常用的方法。

在用中性盐沉淀蛋白质时须注意如下几条。

① 低浓度的中性盐可以增加蛋白质在水中的溶解度，这种现象称为盐溶。

② 同样浓度的情况下，二价离子中性盐比一价离子中性盐的沉淀效果好。其中以硫酸铵效果最佳，因为它在水中的溶解度很高，而溶解度的温度系数很低。

③ 不同的蛋白质因其分子大小、电荷性质的不同，盐析时所需盐的浓度各异。混合蛋白质溶液可用不同的盐浓度使其分别沉淀，这种方法称为分级沉淀。

2. 有机溶剂沉淀反应

在蛋白质溶液中加入一定量的能与水互溶的有机溶剂，如酒精、甲醇、丙酮、甲醛等，能使蛋白质失去水膜，致使蛋白质颗粒聚集而沉淀。

使用有机溶剂沉淀蛋白质时须注意如下几条。

① 在室温下，这些有机溶剂可以造成被沉淀的蛋白质变性。如果预先将有机溶剂冷却到−60～−40℃，然后在不断搅拌下将其加入，以防止局部浓度过高，则可以在很大程度上解决被沉淀蛋白质的变性问题。

② 在等电点时加入有机溶剂，沉淀效果更好。

③ 在一定温度、pH 和离子强度条件下，引起蛋白质沉淀的有机溶剂的浓度不同，因此利用不同浓度的有机溶剂，可以对蛋白质进行分级分离。

3. 重金属盐沉淀蛋白质

蛋白质在带负电荷时能与重金属离子如 Cu^{2+}、Hg^{2+}、Pb^{2+}、Ag^{+} 结合成不溶性的蛋白盐而变性沉淀。临床上常采用口服新鲜牛奶或者生鸡蛋清抢救误服重金属盐中毒患者，即是利用上述物质可以与重金属盐结合的性质而减少其吸收，再用催吐剂将结合物呕吐出来，从而减轻中毒症状。

4. 生物碱试剂和某些酸类沉淀法

生物碱试剂是指能引起生物碱沉淀的试剂，如鞣酸、磷钨酸、磷钼酸、苦味酸和碘化钾等。蛋白质在带正电荷时，可与上述物质结合形成不溶性沉淀。止泻药鞣酸蛋白的药理作用即是利用该原理。鞣酸蛋白口服后在胃内不分解，至小肠分解出的鞣酸能使肠黏膜炎症表面的蛋白质凝固，形成一层保护膜，使渗出液减少，故有止泻作用。另外中草药注射液中杂蛋白的检查和生物样品分析中无蛋白滤液的制备，都是根据此反应原理进行的。

5. 加热沉淀蛋白质

加热可使蛋白质变性，也可使变性的蛋白质沉淀，这主要取决于溶液的 pH。蛋白质在等电点时最易沉淀，若在偏酸或者偏碱时，虽变性也不易发生沉淀。在实际工作中，常利用等电点加热沉淀除去杂蛋白。例如，在对耐热的抗生素发酵液提取过程中，就可以采用此方法。

蛋白质沉淀、变性和凝固三者之间既有联系又有区别。沉淀的蛋白质不一定就是变性的蛋白质。变性的蛋白质较易沉淀和凝固，但不一定就沉淀或者凝固。凝固是蛋白质变性后进一步发展的特殊结果，而且是不可逆的变性。因此，凝固的蛋白质一定是变性的蛋白质，凝固的蛋白质也常会沉淀。

五、蛋白质的颜色反应

蛋白质多肽链上的肽键和一些侧链基团能与某些试剂结合而显示出特有的颜色，利用蛋白质的颜色反应可以对蛋白质进行定性、定量分析。由于蛋白质是由基本单位——氨基酸组成的，所以蛋白质也具有氨基酸所具有的某些颜色反应。因此，在利用颜色反应进行蛋白质的鉴定时，一定要结合蛋白质的其他特性全面加以考虑，切不可以任何单一的反应来确证蛋白质的存在。下面介绍几种常用的方法。

1. 茚三酮反应

在 pH5～7 时，蛋白质与茚三酮试剂加热可产生蓝紫色。此反应是试剂与蛋白质中的氨基的反应。因此，凡是具有氨基的物质均有此反应。

2. 双缩脲反应

蛋白质分子中的肽键在碱性溶液中能与硫酸铜试剂中的 Cu^{2+} 结合成紫红色的配合物，且肽键越多颜色越深。故此反应可用于蛋白质的定性定量分析，还可用于检测蛋白质的水解程度。

3. 酚试剂反应

蛋白质分子酪氨酸、色氨酸的酚基在碱性条件下，可与酚试剂（磷钼酸-磷钨酸化合物）反应，生成蓝色化合物。其颜色深浅与蛋白质的含量相关，且灵敏度比双缩脲反应高100倍，可测定微克水平的蛋白质含量。因此该反应是蛋白质浓度测定的常用方法。但要注意，该试剂只与蛋白质分子中的酪氨酸、色氨酸反应，因此反应结果受蛋白质中酪氨酸、色氨酸含量的影响，即不同的蛋白质其酪氨酸、色氨酸含量不同而使显色强度有所差异。要求作为标准的蛋白质其相关氨基酸含量应与样品接近，以减少误差。

六、蛋白质的吸收光谱特点

酪氨酸、色氨酸和苯丙氨酸在近紫外区（200～400nm）有吸收光的能力，蛋白质由于含有这些氨基酸，所以也有紫外吸收能力，一般最大吸收波长在 280nm 处，因此能利用分光光度法很方便地测定样品中的蛋白质含量。

第四节 蛋白质的分类

一、根据分子形状分类

1. 球状蛋白

形状接近球形或椭圆形，在水中溶解性较好。细胞内大多数可溶性蛋白都是球蛋白，如酶等。

2. 纤维状蛋白

形状呈棒状或纤维状，绝大多数是不溶于水的，在体内主要起结构作用。典型的纤维状蛋白质有毛发中的角蛋白、结缔组织中的胶原蛋白等。

二、根据化学组成分类

1. 单纯蛋白质

仅由氨基酸组成，不含其他成分的蛋白质称为单纯蛋白质。如清蛋白、球蛋白、组蛋白和精蛋白等。

2. 结合蛋白质

结合蛋白质也称缀合蛋白质，即在其组成中除蛋白质部分外，还有非蛋白质部分。其非蛋白质部分称为辅基或配体。如糖蛋白、核蛋白、色蛋白、脂蛋白和金属蛋白等。

习　题

1. 名词解释

等电点、蛋白质的一级结构、蛋白质的变性作用、盐析

2. 蛋白质的元素组成特点是什么？

3. 氨基酸是如何分类的？

4. 蛋白质的结构与功能的关系是什么？

5. 蛋白质具有的高分子性质是什么？

6. 各种沉淀蛋白质的方法原理是什么？

（王建新）

第三章 核酸化学

核酸是生物体内重要的遗传物质，参与生物体的生长与繁殖过程，是生物体内可自身合成的一类大分子化合物。根据核酸的组成成分不同，可将核酸分为两大类型，即脱氧核糖核酸（DNA）和核糖核酸（RNA）。自然界中绝大多数生物体内含有这两种类型的核酸。DNA 主要分布于细胞核内；RNA 主要分布于细胞质内。根据功能、结构和分布部位的不同，RNA 又分为 mRNA、rRNA、tRNA 3 种。两种核酸不仅参与生物的遗传过程，而且与肿瘤的发生、遗传病、代谢病等也有密切联系。由此可见，人类对核酸的研究就显得尤为重要。

第一节 核酸分子的化学组成

一、核酸的元素组成

核酸分子中的主要元素包括 C、H、O、N、P。核酸分子中磷的含量相对恒定，一般为 9%～10%。所以只要测定出核酸样品中的含磷量，就可计算出样品中的核酸量。

二、核酸分子的基本组成单位——单核苷酸

（一）核酸的组成成分

核酸分子在酶的作用下水解生成单核苷酸。单核苷酸进一步水解生成核苷和磷酸，核苷再水解为戊糖和碱基。

由此可见，单核苷酸是核酸的基本组成单位。单核苷酸又是由戊糖、碱基和磷酸组成的。

1. 戊糖

戊糖在两种核酸分子中的形式不同。DNA 中含的是 D-2-脱氧核糖，RNA 含的是 D-核糖。戊糖分子中碳原子的排列序号用 1′～5′表示，以区别碱基中碳原子的排列序号。

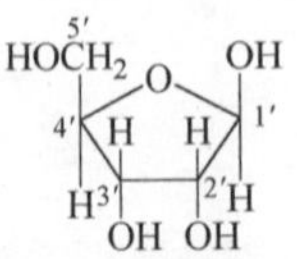

D-核糖

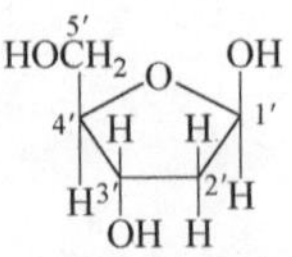

D-2-脱氧核糖

2. 碱基

核酸分子中的碱基主要包括两大类，即嘌呤碱和嘧啶碱。嘌呤碱分为鸟嘌呤（G）和腺嘌呤（A）；嘧啶碱分为胞嘧啶（C）、尿嘧啶（U）和胸腺嘧啶（T）。它们的结构如下：

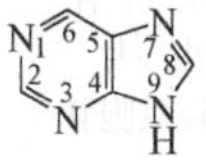
嘌呤

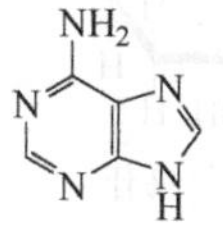
腺嘌呤

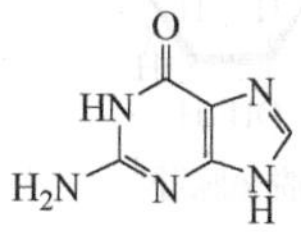
鸟嘌呤

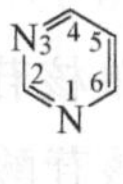
嘧啶

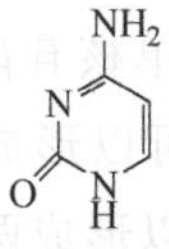
胞嘧啶

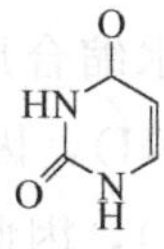
尿嘧啶

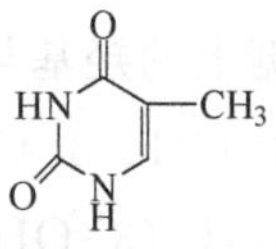
胸腺嘧啶

生物体内核酸分子组成中除上述 5 种基本碱基（A、G、C、U、T）外，某些核酸还含有一些稀有碱基，如二氢尿嘧啶（DHU）、次黄嘌呤(I)。

3. 磷酸

核酸分子中的磷酸为无机磷酸，其结构式为：

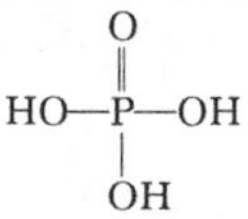

DNA 与 RNA 基本成分可总结如表 3-1。

表 3-1　DNA 与 RNA 基本成分

核　酸	嘌　呤　碱	嘧　啶　碱	戊　糖	磷　酸
DNA	鸟嘌呤(G) 腺嘌呤(A)	胞嘧啶(C) 胸腺嘧啶(T)	D-2-脱氧核糖	磷酸
RNA	鸟嘌呤(G) 腺嘌呤(A)	胞嘧啶(C) 尿嘧啶(U)	D-核糖	磷酸

（二）核苷

戊糖与碱基通过糖苷键连接而成的化合物称为核苷。组成 DNA 的核苷有脱氧腺苷、脱氧鸟苷、脱氧胞苷和脱氧胸苷；组成 RNA 的核苷有腺苷、鸟苷、胞苷和尿苷。其结构如下：

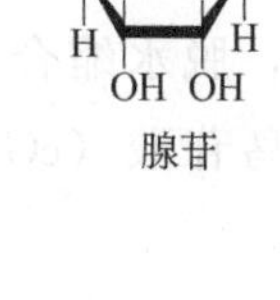
腺苷

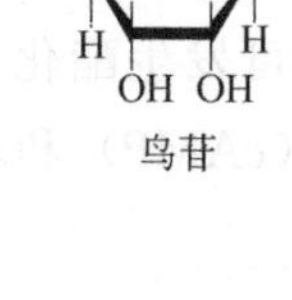
鸟苷

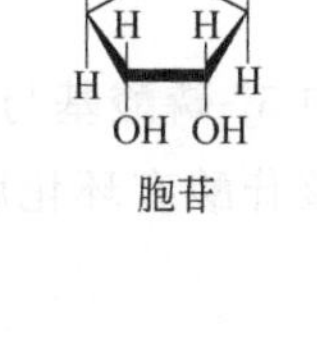
胞苷

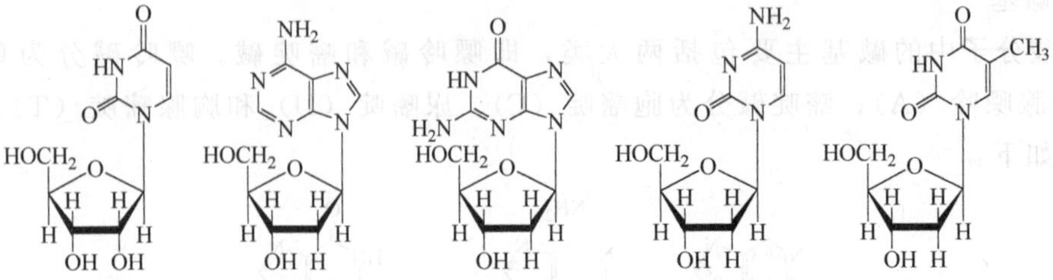

（三）单核苷酸

核苷分子中戊糖上的羟基与磷酸脱水缩合形成单核苷酸（图 3-1）。RNA 分子中的戊糖上有 3 个羟基（2′-OH、3′-OH、5′-OH），因此可以形成 3 种单核苷酸；而 DNA 分子中的戊糖上有 2 个羟基（3′-OH、5′-OH），因此可以形成两种单核苷酸。生物体内参与核酸组成的核苷酸主要是 5′-核苷酸。DNA 与 RNA 的基本组成单位总结如表 3-2。

表 3-2 DNA 与 RNA 的基本组成单位

DNA	RNA	DNA	RNA
脱氧腺苷酸(dAMP)	腺苷酸(AMP)	脱氧胞苷酸(dCMP)	胞苷酸(CMP)
脱氧鸟苷酸(dGMP)	鸟苷酸(GMP)	脱氧胸苷酸(dTMP)	尿苷酸(UMP)

三、核苷酸的衍生物

生物体内除参与核酸组成的单核苷酸外，还包含一些游离的单核苷酸。它们不参与核酸的组成，但在生命活动中发挥着极为重要的作用。

1. 多磷酸核苷

一磷酸核苷的磷酸基团可进一步发生磷酸化反应，生成二磷酸核苷和三磷酸核苷，即为多磷酸核苷。常见的多磷酸核苷是三磷酸腺苷，以 ATP 表示。三磷酸腺苷是生物体内能量的载体，为生物体的正常生命活动提供能量。其结构如下：

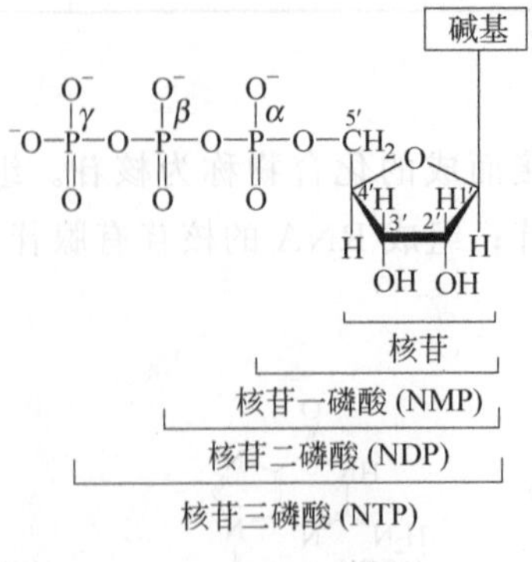

2. 环化核苷酸

单核苷酸分子中 5′-磷酸基与 3′-OH 可发生酯化反应，脱水缩合为环化核苷酸。生物体内常见的环化核苷酸有环化腺苷酸（cAMP）和环化鸟苷酸（cGMP）。它们不参与

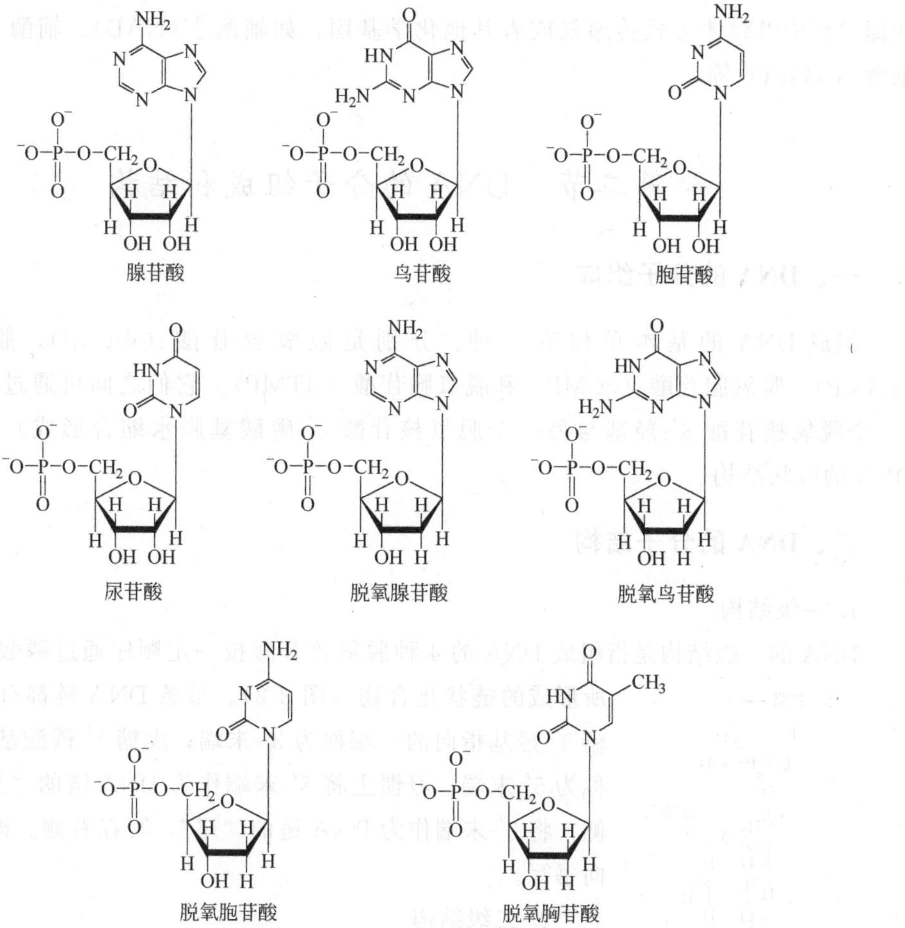

图 3-1　单核苷酸的结构式

核酸组成，但 cAMP 的作用非常广泛，它参与调节细胞生理生化过程，控制生物的生长、分化和细胞对激素的效应，因此也被称为激素的第二信使。目前临床上使用的双丁酰 cAMP 就是 cAMP 的衍生物，对冠心病有明显疗效。cGMP 对细胞代谢也有调节功能。

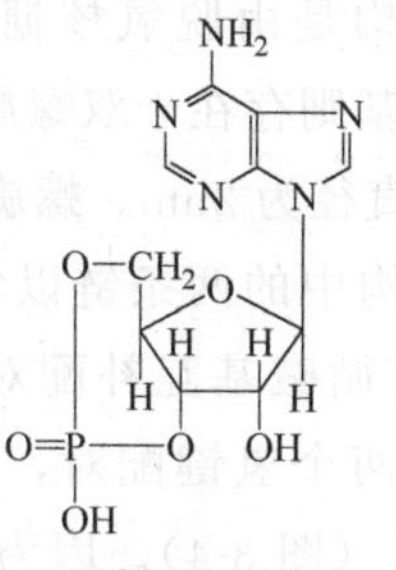
环化腺苷酸 (cAMP)

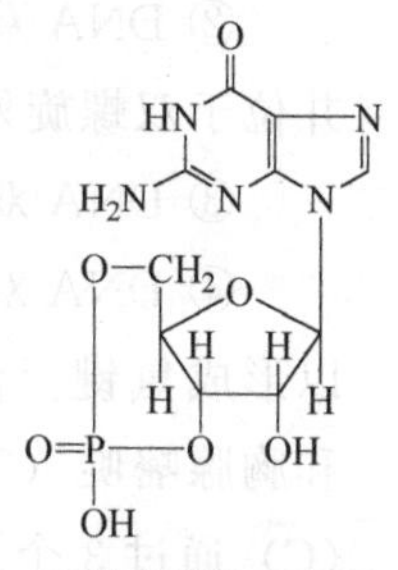
环化鸟苷酸 (cGMP)

3．辅酶类核苷酸

生物体内某些核苷酸衍生物参与酶的组成，以辅基或辅酶形式参与新陈代谢过程。在代谢过程中以载体形式传递氢或者其他化学基团，如辅酶Ⅰ(NAD)、辅酶Ⅱ(NADP)、辅酶A(CoA)等。

第二节 DNA的分子组成和结构

一、DNA的分子组成

组成DNA的基本单位有4种。分别是脱氧腺苷酸(dAMP)、脱氧鸟苷酸(dGMP)、脱氧胞苷酸(dCMP)和脱氧胸苷酸(dTMP)。它们之间可通过磷酸二酯键(一个脱氧核苷酸3′-羟基与另一个脱氧核苷酸5′-磷酸基脱水缩合形成)连接，形成DNA的链状结构。

二、DNA的分子结构

1. 一级结构

DNA的一级结构是指组成DNA的4种脱氧核苷酸按一定顺序通过磷酸二酯键相连所形成的链状化合物(图3-2)。每条DNA链都有方向性。戊糖3′-羟基指向的一端称为3′-末端；戊糖5′-磷酸基指向的一端称为5′-末端。习惯上将5′-末端作为DNA链的“头”，写在左侧；将3′-末端作为DNA链的“尾”，写在右侧。即按5′→3′方向书写。

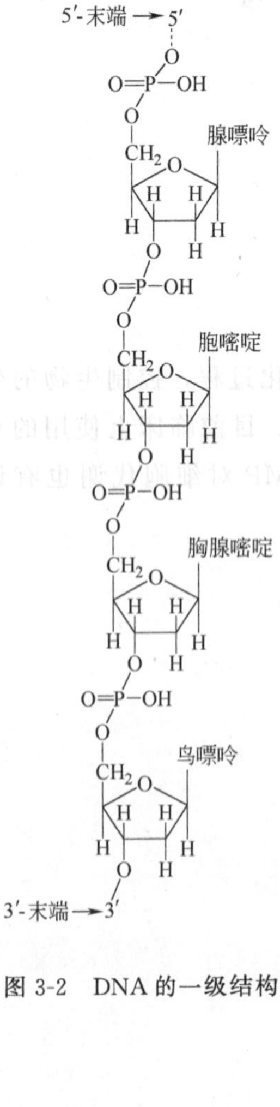

图3-2 DNA的一级结构

2. 二级结构

DNA分子的二级结构是Watson(美)和Crick(英)根据大量的实验数据于1953年提出来的。DNA的二级结构为双螺旋结构(图3-3)。具有以下基本特点。

① DNA双螺旋结构是由两条相互平行的脱氧核苷酸链围绕一个虚设的中心轴组成的右手螺旋结构。两条链的方向相反，一条链为5′→3′，另一条链为3′→5′走向。

② DNA双螺旋结构是由脱氧核糖和磷酸组成基本框架，并位于双螺旋外侧，碱基则存在于双螺旋的内侧。

③ DNA双螺旋的直径为2nm。螺旋每旋转一周包含10bp。

④ DNA双螺旋结构中的两条链以氢键相连。碱基之间可以形成氢键。但必须遵循碱基互补配对原则，即腺嘌呤(A)和胸腺嘧啶(T)通过两个氢键配对，鸟嘌呤(G)和胞嘧啶(C)通过3个氢键配对(图3-4)。因为DNA双链同一水平上的碱基对都是互补的，因此，可以根据一条链的碱基排列顺序推导出另一条链的碱基排列顺序。这在研究DNA复制、转录

等方面都有重要的生物学意义。

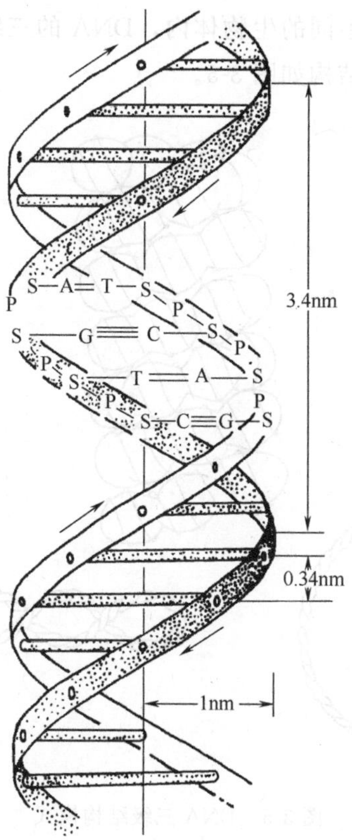

图 3-3 DNA 的双螺旋结构

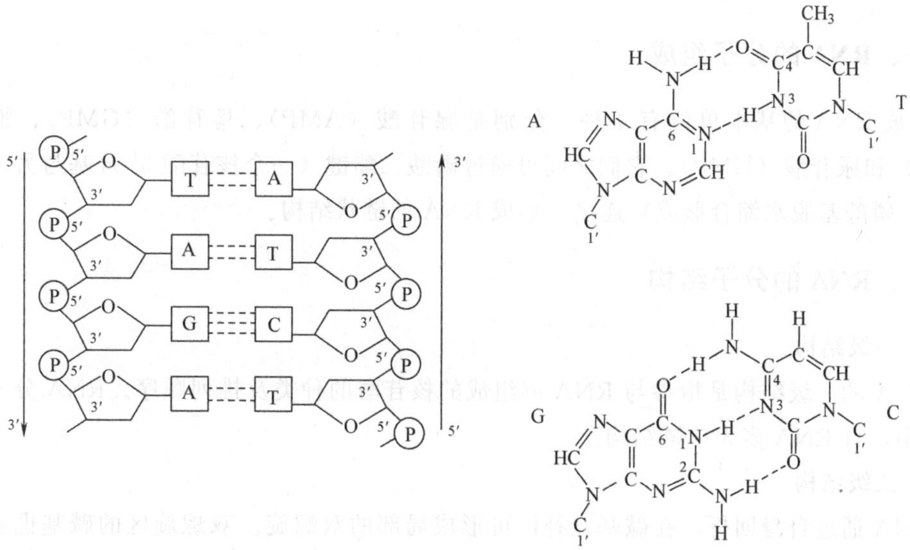

图 3-4 DNA 分子中的碱基配对

3. 三级结构

DNA 的三级结构是指双螺旋结构在空间进一步扭曲或再螺旋所形成的复杂的立体结构。主要形式是超螺旋结构。不同的生物体内，DNA 的三级结构的形状各不相同，有开环状、闭环状、念珠状等。其结构如图 3-5。

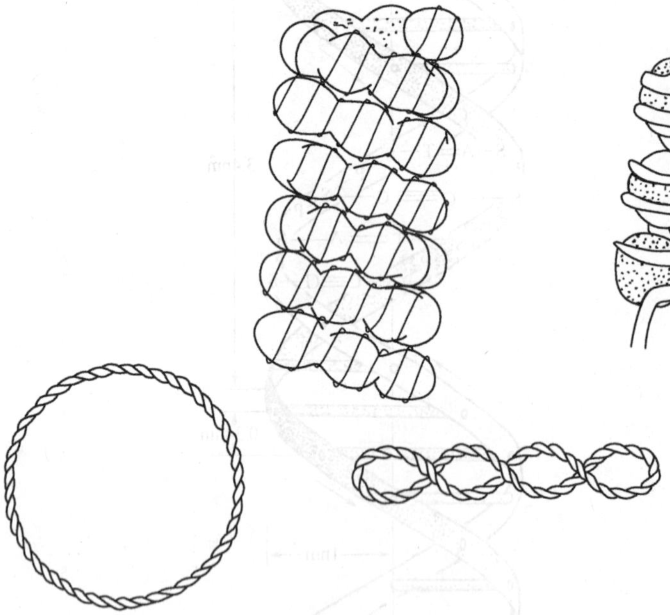

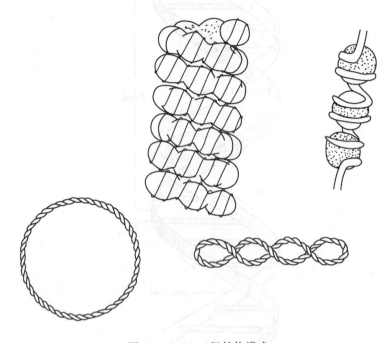

图 3-5 DNA 三级结构模式

第三节 RNA 的分子组成和结构

一、RNA 的分子组成

组成 RNA 的基本单位有 4 种。分别是腺苷酸（AMP）、鸟苷酸（GMP）、胞苷酸（CMP）和尿苷酸（UMP）。它们之间可通过磷酸二酯键（一个核苷酸 3′-羟基与另一个核苷酸 5′-磷酸基脱水缩合形成）连接，形成 RNA 的链状结构。

二、RNA 的分子结构

1. 一级结构

RNA 的一级结构是指参与 RNA 链组成的核苷酸的种类及排列顺序。RNA 分子量比 DNA 小，且 RNA 多为单链结构。

2. 二级结构

RNA 通过自身回折，在碱基互补区可形成局部的双螺旋。双螺旋区的碱基也遵循碱基互补配对规律，即 A-U、G-C 之间配对连接。在非碱基互补区形成突环。目前只有 tRNA的结构研究得比较清楚，即 tRNA 二级结构的形状为三叶草形（图 3-6）。包括以下

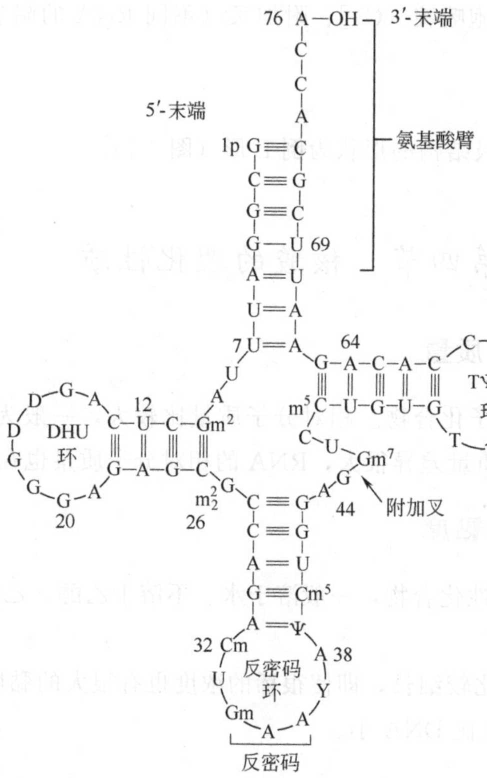

图 3-6　tRNA 的二级结构

5 个部位：氨基酸臂（与相应氨基酸相互连接的部位）、二氢尿嘧啶环［环内含有二氢尿嘧啶（DHU）］、反密码环（含有 3 个核苷酸残基组成的反密码子）、TΨC 环［含有核糖

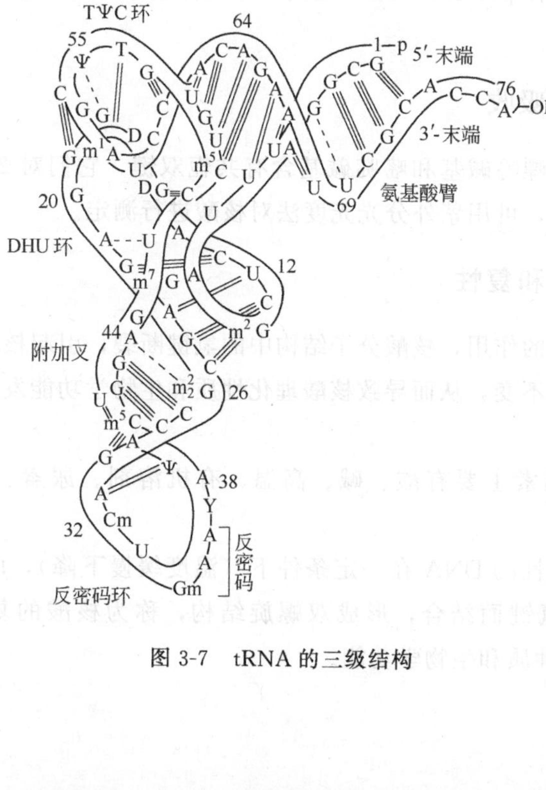

图 3-7　tRNA 的三级结构

胸苷（T）、假尿苷（Ψ）和胞嘧啶（C）]、附加叉（不同 RNA 的附加叉所含核苷酸残基的数量不同）。

3. 三级结构

经研究发现，tRNA 三级结构的形状为倒 L 形（图 3-7）。

第四节　核酸的理化性质

一、核酸的相对分子质量

核酸是生物体内的大分子化合物。相对分子质量比较大，一般为 $10^6 \sim 10^{10}$ 之间。不同生物体内 DNA 相对分子质量差异很大，RNA 的相对分子质量也在数百到数百万之间。

二、核酸的溶解性和黏度

生物体内的核酸属于极性化合物，一般溶于水、不溶于乙醇、乙醚、三氯甲烷等有机溶剂。

生物体内 DNA 的结构比较细长，即使很稀的浓度也有很大的黏度。当 DNA 变性时，黏度下降。RNA 分子的黏度比 DNA 小。

三、核酸的酸碱性

核酸分子结构中既包含有酸性的磷酸基团，又含有碱性的碱基，所以核酸是两性电解质。一般条件下，由于碱基是弱碱性，所以核酸常表现出酸性。不同的酸碱环境会影响核酸结构的稳定。例如，在 pH 4.0～11.0 之间 DNA 最稳定，在此范围之外，DNA 结构中的氢键容易断裂。

四、核酸的紫外吸收

核酸分子结构中的嘌呤碱基和嘧啶碱基含有共轭双键，它们对 260nm 的紫外光具有强烈的吸收作用。因此，可用紫外分光光度法对核酸进行测定。

五、核酸的变性和复性

由于外界理化因素的作用，核酸分子结构中的氢键断裂，引起核酸二级结构、三级结构的改变，而一级结构不变，从而导致核酸理化性质和生物学功能发生改变的现象，称为核酸的变性作用。

引起核酸变性的因素主要有酸、碱、高温、有机溶剂、尿素、酰胺等物理和化学因素。

因为温度升高而变性的 DNA 在一定条件下（温度缓慢下降），两条已经分开的链可以通过重新形成链间氢键而结合，形成双螺旋结构，称为核酸的复性或退火。复性的 DNA 可恢复部分理化性质和生物学功能。

核酸的变性和复性理论主要应用于生物学中的分子杂交技术。目前，探针技术在临床诊断中已得到广泛应用。

第五节 核酸的分离提纯和定量测定

核酸是大分子化合物。核酸分离提纯的关键是保持核酸的天然状态，避免受到外界理化因素的影响而发生变性作用。所以，在分离提纯过程中，应避免酸、碱、高温等条件。分离过程中还应避免剧烈搅拌。

一、核酸的提取

分离提取核酸的方法是：先破碎细胞，提取核蛋白；再使核酸与蛋白质分离；最后沉淀核酸，进行纯化。

1. 核蛋白的提取

在不同浓度的氯化钠溶液中，脱氧核糖核蛋白和核糖核蛋白的溶解度不同。脱氧核糖核蛋白易溶于 1mol/L 的氯化钠溶液，不溶于 0.14mol/L 的氯化钠溶液；而核糖核蛋白易溶于 0.14mol/L 的氯化钠溶液，不溶于 1mol/L 的氯化钠溶液。因此，可以利用不同浓度的氯化钠溶液将脱氧核糖核蛋白和核糖核蛋白分别从破碎的细胞中分离出来。

2. 除去蛋白质

核蛋白分离出来后，还需将其中的蛋白质除去。除去蛋白质的方法常用变性法，即利用蛋白质变性而沉淀将蛋白质除去。实验过程中选用的变性剂包括苯酚、三氯甲烷-戊醇混合液和十二烷基磺酸钠（SDS）。在提取过程中，还需加入柠檬酸钠或者硅藻土，作为核酸酶的抑制剂，以防止核酸的分解。

3. 核酸的纯化

由于核酸的种类比较多，因此往往采用不同的方法对不同的核酸进行纯化。常用的纯化方法有蔗糖密度梯度区带超离心法、超滤法、层析法、凝胶电泳法和凝胶过滤法。

二、核酸含量的测定

（一）定磷法

由于在核酸的元素组成中，磷的含量相对稳定，因此，通过对样品中含磷量的测定，可以计算出样品中核酸的含量。方法如下：首先用强酸作用于核酸，使核酸分子中的有机磷转化为无机磷酸，其次无机磷酸与钼酸结合形成磷钼酸，磷钼酸再还原为钼蓝。反应过程如下：

$$\underset{\text{钼酸铵}}{(NH_4)_2MoO_4} + H_2SO_4 \longrightarrow \underset{\text{钼酸}}{H_2MoO_4} + (NH_4)_2SO_4$$

$$12H_2MoO_4 + H_3PO_4 \longrightarrow \underset{\text{磷钼酸}}{H_3PO_4 \cdot 12MoO_3} + 12H_2O$$

$$H_3PO_4 \cdot 12MoO_3 \xrightarrow{\text{还原剂}} \text{钼蓝}$$

钼蓝溶液的吸收值在一定浓度范围内与无机磷的含量存在正比例关系，在 660nm 处有最大吸收值，可用比色法测定。这种方法测定的含磷量需除去无机磷含量后才是核酸的含磷量。

(二) 定糖法

由于 DNA 和 RNA 基本组成成分中的核糖形式不同，可用相应的化学反应进行核酸含量的比色测定。

1. 脱氧核糖的测定

脱氧核糖在强酸（浓硫酸或浓盐酸）的作用下脱水生成 ω-羟基-γ-酮基戊醛，此物质可与二苯胺溶液反应生成蓝色化合物（反应过程如下）。反应物在 595nm 处有最大吸收值，可用比色法测定。

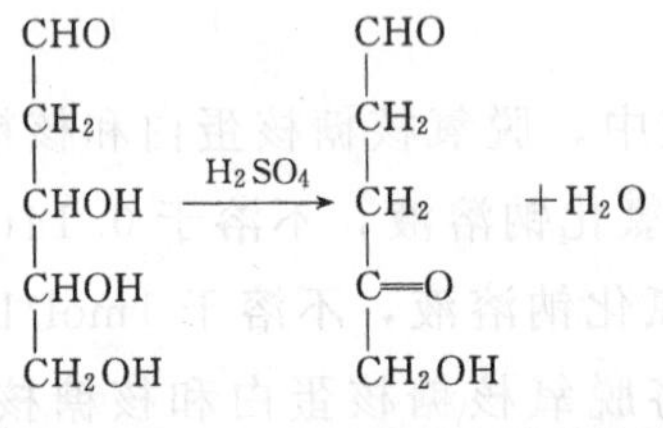

脱氧核糖　　ω-羟基-γ-酮基戊醛

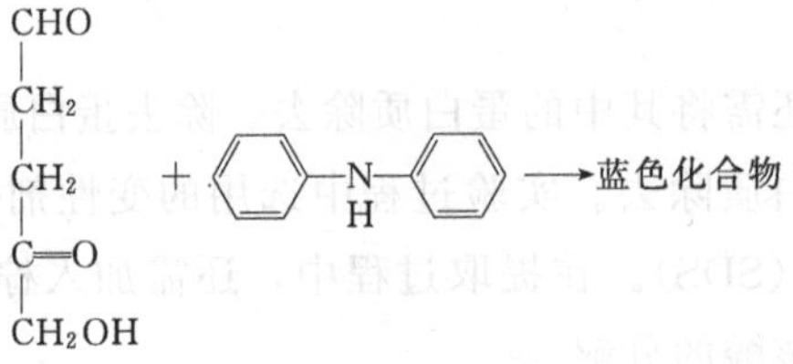

二苯胺

2. 核糖的测定

核糖在强酸（浓硫酸或浓盐酸）的作用下脱水生成糖醛，糖醛可再与地衣酚溶液（3,5-二羟基甲苯）反应生成深绿色化合物（反应过程如下）。反应物在 670nm 处有最大吸收值，可用比色法测定。

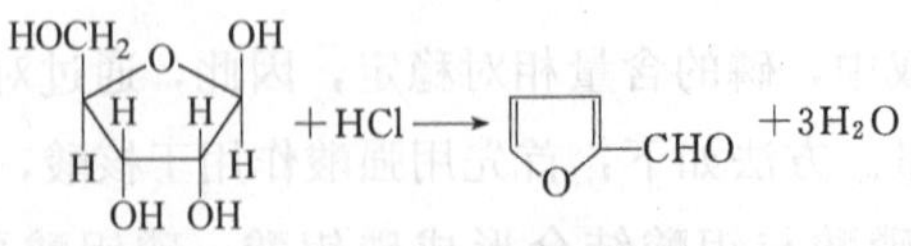

糖醛

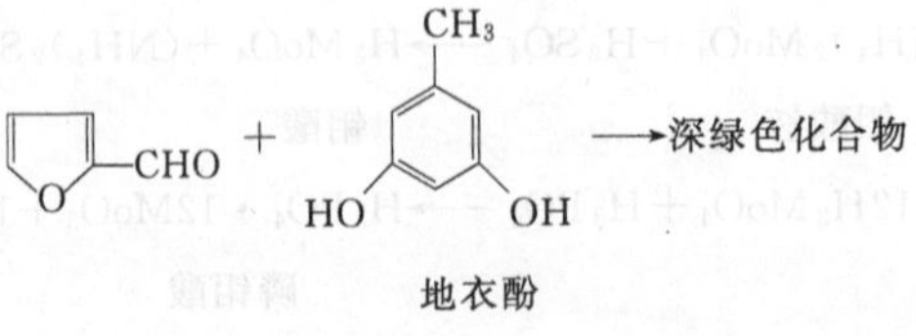

地衣酚

习　题

1. 组成DNA和RNA的基本单位是什么？
2. DNA和RNA在化学组成上的区别是什么？
3. 何谓双螺旋结构？其理论要点是什么？
4. 如何提取和鉴别DNA、RNA？

（杨卫兵）

第四章 酶

第一节 概 述

一、酶的概念

酶是生物体内活细胞合成的一类生物催化剂。

生物体的基本特征之一是不断地进行新陈代谢，而新陈代谢是由为数众多的各式各样的化学反应所组成。这些生物化学反应是以惊人的速度，在正常的体温和近中性条件下互相协调地进行的。然而同样反应在实验室中，有的常需在高温、高压、强酸或强碱等条件下才能进行，有的即使加入化学催化剂也难以达到体内的反应速度，有的甚至根本不能进行。这是因为生物体内存在着一种具有可调节的、高效率的催化剂——酶。酶催化了体内的化学反应，如果没有酶，生命过程就十分缓慢，甚至不可能有生命活动。所以，酶在生命活动过程中具有十分重要的作用。

绝大多数酶的本质是蛋白质或蛋白质与辅酶的复合体。近年来发现某些 RNA 分子也具有酶的活性，并将这些化学本质为 RNA 的酶称为核酶，从而打破了所有酶的化学本质都是蛋白质的传统概念。

酶所催化的反应称为酶促反应。被酶催化的物质称为底物（S），反应的生成物称为产物（P）。酶的催化能力称为酶的活力，又称酶的活性。由于某种因素使酶失去催化能力称为酶的失活。但酶通过体内各种温度和条件影响，改变构象，暂时不表现催化能力，是酶活性的调节，不属于酶的失活。

由于酶特殊的催化功能，使它在工业、农业和医疗卫生方面具有很重要的实际意义。其研究成果给催化理论、催化剂的设计、药物的设计和作用原理的了解、疾病的诊断和治疗等方面提供了理论依据。

二、酶催化作用的特点

酶和一般催化剂一样，仅能加速热力学上可能进行的反应，酶决不能改变反应的平衡常数。酶本身在反应前后不发生变化。但酶又具有自身的特点，其最显著的特点如下。

1. 高度的催化效率

酶促反应速度要比非酶促反应快约 1000 万倍。有极少量的酶就可催化大量底物发生转变。例如，过氧化氢分解生成水和氧这一反应，在没有催化剂时反应非常缓慢，使用无机催化剂钯可使反应加快 10^7 倍，而用生物催化剂过氧化氢酶则可使反应加快 10^{11} 倍。

2. 高度的特异性

酶的特异性（又称酶的专一性）是指酶对它所作用的底物有严格的选择性，即一种酶只能对某一种或某一类物质起催化作用。而一般催化剂对底物要求不严格，即无特异性。酶的特异性各不相同，根据酶对底物选择的严格程度不同可分为3类。

（1）绝对特异性　一种酶只作用于一种底物称为绝对特异性。例如，葡萄糖激酶只能催化葡萄糖转变为6-磷酸葡萄糖，而对其同分异构体的果糖不起作用；脲酶只能催化尿素水解为氨和二氧化碳，而对其衍生物如甲基尿素等则不起作用。

（2）相对特异性　有的酶对底物要求不甚严格，可作用于一类化合物或一种化学键，称为相对特异性。其中大多数表现为基团特异性，它们可作用于某一特定的官能团，而这个官能团可以存在于许多不同的底物中。例如，磷酸酶对一般的磷酸酯（如甘油磷酸酯、葡萄糖磷酸酯）都能水解；胰蛋白酶对于那些带有碱性侧链基团的氨基酸相连的肽键都能水解。少数酶表现为键的特异性，即只对键有选择性。例如，酯酶催化酯键水解，它对构成酯键的有机酸和醇（或酚）无严格要求，具有较低的特异性。

（3）立体异构特异性　几乎所有的酶对于立体异构都具有高度的选择性，即酶只能催化一种立体异构体发生某种化学反应，而对另一种立体异构体无作用。例如，D-氨基酸氧化酶能催化各种D-氨基酸脱去氨基，但对L-氨基酸却毫无作用。

3. 高度的不稳定性

一般催化剂多在高温高压等条件下进行催化，而绝大多数酶的主要成分是蛋白质，所以强酸、强碱、高温、重金属离子等凡是使蛋白质变性的因素都会使酶失去活性。因此，酶促反应一般都要求较温和的条件，一般在接近体温和接近中性的环境下进行催化。

4. 活性可调性

酶存在于所有的细胞和组织中，它本身也不断地进行着自我更新。同时，生物体能够通过多种因素对酶进行调节和控制，从而使极其复杂的代谢活动能有条不紊地进行。例如，酶合成的诱导和阻遏、酶原激活、反馈抑制以及激素控制等（具体内容见第十章）。

三、酶的分子组成

酶和其他蛋白质一样，根据其组成成分可分为两大类。

1. 单纯蛋白酶类

单纯蛋白酶类又称简单蛋白酶类，这类酶除蛋白质外不含其他成分，其活性只取决于它的蛋白质结构。大多数水解酶类都属于该类酶，如蛋白酶、脂肪酶、核糖核酸酶、脲酶等。

2. 结合蛋白酶类

生物体内大多数酶都属于结合蛋白酶类。这类酶由蛋白质部分与非蛋白质部分相结合而成。前者称为酶蛋白，后者称为辅助因子。由酶蛋白和辅助因子结合而成的有活性的复合物叫全酶，全酶的蛋白质部分及辅助因子单独存在都没有催化活性。

全酶	=	酶蛋白	＋	辅助因子
有催化活性		无催化活性		无催化活性

结合酶的辅助因子有两类：一类是无机金属离子；另一类是小分子复杂有机化合物。在多数情况下，有机辅助因子与酶蛋白结合松弛，可以通过透析等方法将它从全酶中分离出来。但在少数情况下，有些辅助因子以共价键和酶蛋白牢固地结合，用透析等方法不易与酶蛋白分离，所以前者称为辅酶，后者为辅基。但两者并无严格界限。许多辅酶或辅基由B族维生素构成。

生物体内酶蛋白的种类很多，而辅酶或辅基的种类却很少。通常一种酶蛋白只能与其相应的某一种辅酶或辅基结合，成为有特异性的全酶。而一种辅酶往往可以与催化反应性质相同的多种酶蛋白结合，构成许多特异的全酶。例如，NAD^+和FAD可与体内许多酶蛋白结合，构成许多相应的特异性很强的脱氢酶类。可见决定酶催化作用的专一性和高效率的是酶蛋白部分，而辅酶和辅基在酶促反应中常参与特定的化学反应，它们只决定酶促反应的类型。辅酶和辅基在酶促反应中主要起着递氢、传递电子或转移某些化学基团的作用。

四、酶的命名和分类

(一) 酶的命名

酶的命名有习惯命名法和系统命名法两种。

1. 习惯命名法

一般依据以下原则：按酶作用的底物或催化反应的类型来命名，有时两者兼用。如水解淀粉的酶称淀粉酶；催化脱氢反应的酶称脱氢酶，乳酸脱氢酶是催化乳酸脱氢的酶等。有时在底物名称前冠以酶的来源以区别作用相同但来源不同的酶，如唾液淀粉酶、胰蛋白酶等。

2. 系统命名法

鉴于新种类酶的不断发现和过去命名的混乱，国际酶学委员会规定了一套系统命名法：以酶所催化的整体反应为基础，每种酶的名称应写出底物的名称和催化反应的性质；若酶促反应中有两种或两种以上底物起反应，则每种底物都需表明，当中用“:”分开。例如，乳酸脱氢酶的系统名称为L-乳酸：NAD^+氧化还原酶；草酸氧化酶的系统名称为草酸：氧氧化酶。

(二) 酶的分类

根据国际酶学委员会规定的国际系统分类法，可以将所有的酶促反应按其反应性质分为6大类。

1. 氧化还原酶类

催化底物进行氧化还原反应的酶类。这类酶数量最大，大致可分为氧化酶和脱氢酶两类。如细胞色素氧化酶、乳酸脱氢酶等。一般来说，氧化酶催化的反应都有氧分子直接参与，脱氢酶所催化的反应中总伴随氢原子的转移。

2. 转移酶类

又称转换酶类，是催化底物分子间某些基团的转移或交换的酶类。如谷丙转氨酶、转甲基酶等。

3. 水解酶类

催化底物水解的酶类。如蛋白酶、脂肪酶、核酸酶等。它们一般不需要辅酶、辅基，为单纯蛋白酶类。但某些离子如金属离子 Mg^{2+}、Zn^{2+} 等对这类酶的活力有一定影响。

4. 裂合酶类

又称解合酶类，是催化一种底物分裂成两种或两种以上产物或其逆反应的酶类。如醛缩酶等。

5. 异构酶类

是催化各种同分异构体之间相互转变的酶类。如磷酸葡萄糖异构酶等。

6. 合成酶类

是催化两个底物结合的酶类。如谷氨酰胺合成酶、核苷酸合成酶、氨基酰 tRNA 合成酶等。

第二节 酶的结构特点和催化机制

一、酶的结构特点

酶的结构特点是具有活性中心。

实验证明，酶的催化活力只集中表现在少数特异氨基酸残基的某一区域。如木瓜蛋白酶由 212 个氨基酸残基组成，若从氨基端水解掉 2/3 肽链后，剩下的 1/3 肽链仍保持活性的 99%，说明木瓜蛋白酶的生物活性集中表现在肽链的 *C*-端的少数氨基酸残基及其所构成的空间结构区域。这些特异氨基酸残基在一级结构上可能相距很远，或分散在不同肽链上，但必须彼此靠近集中形成一定的空间构象，此结构区域与酶活性直接相关，称为酶的活性中心。所以酶的活性中心是酶与底物结合并发挥其催化作用的部位（图 4-1）。

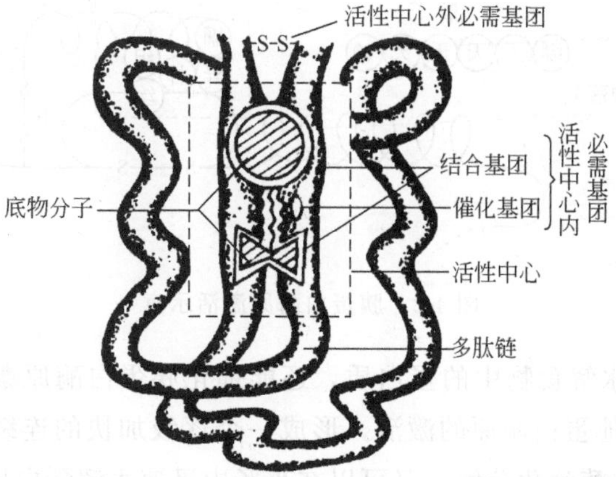

图 4-1 酶活性中心示意

酶分子中与其活性密切相关的基团称为酶的必需基团。酶活性中心内的必需基团有两种，其中能与底物结合的称为结合基团，能促进底物发生化学变化的称为催化基团。有的基团兼有结合基团和催化基团的功能。另有一类必需基团位于酶活性中心以外，虽不直接参与结合或催化过程，却是维持酶的空间构象所必需的，这些基团可使活性中心的各个有关基团保持最适的空间位置，间接地对酶的催化作用发挥其必不可少的作用，把这些基团称为活性中心外必需基团。

有的酶当其肽链在细胞内合成之后，即可自发地折叠成一定的空间结构。一旦形成了一定的构象，酶就立即表现出全部酶活性，如溶菌酶。然而，有些酶在细胞内初合成或初分泌时是无活性的，必须在某些因素参与下，水解掉一个或几个特殊的氨基酸残基，从而使其构象发生改变，才表现出酶的活性。这种初分泌的无活性的酶前体称为酶原。将酶原转变成有活性的酶的过程称为酶原激活。酶原激活的机制主要是使酶的活性中心形成或暴露的过程。酶原激活与其他类型的酶的活性调节不同，由于酶原激活是使一级结构发生变化，因而酶原激活是不可逆的；而激活剂是使酶活性提高，并不改变酶的一级结构。酶原激活过程说明酶的分子结构与其功能密切联系。

哺乳动物消化系统中的几种蛋白酶都是先以酶原形式分泌出来，然后经酶原激活变成酶的。如胰蛋白酶原由胰腺分泌，进入小肠后，在钙离子存在下受肠激酶激活，专一地切断母肽链 *N*-端一段六肽，使酶分子构象发生改变，活性中心形成，从而成为有催化活性的胰蛋白酶（图 4-2）。

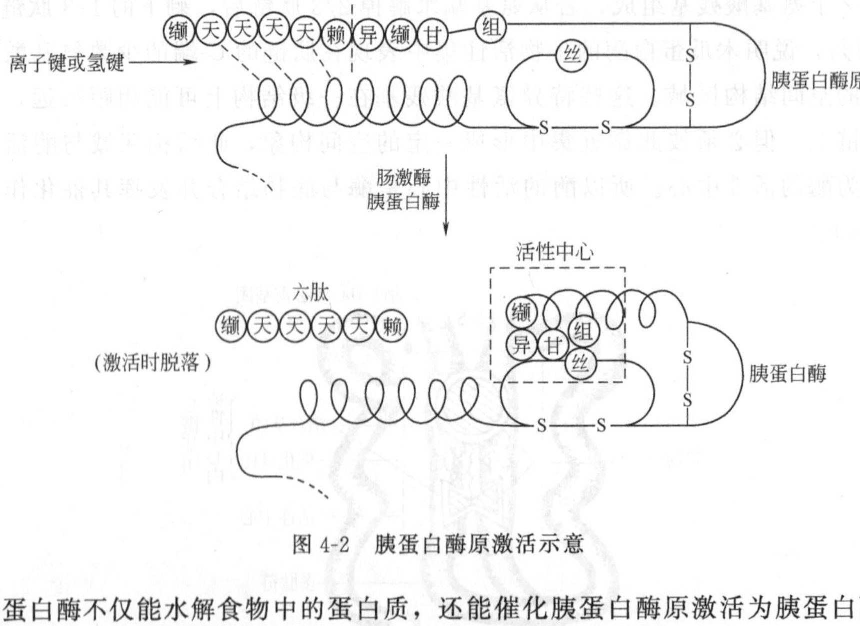

图 4-2 胰蛋白酶原激活示意

胰蛋白酶不仅能水解食物中的蛋白质，还能催化胰蛋白酶原激活为胰蛋白酶（自身激活），促进小肠中其他蛋白酶原的激活，形成一个逐级加快的连续反应过程。这样既可以保护胰腺不被胰蛋白酶消化分解，又可以在小肠内迅速水解蛋白质，保证了代谢的正常进行。

二、酶的催化机制

酶的催化机制是能显著降低反应的活化能。

在任何化学反应中，反应物中的每一个分子所含的能量并不相同。因此，在每一瞬间并非反应物的所有分子都能进行反应。只有那些含能量较高，已达到或超过某一水平的分子才能发生反应，生成产物，这种分子称为活化分子。活化分子数目愈多，反应速度愈快。反应分子由一般状态转变为活化状态所需的最低能量称为活化能。反应速度与反应体系中活化分子的浓度呈正比。反应所需活化能愈少，能达到活化状态的分子就愈多，其反应速度必然愈大。酶的催化作用就是降低反应所需的活化能，以至相同的能量能使更多的分子活化，从而加速反应的进行。例如，1mol H_2O_2的分解，在无催化剂的情况下，需要活化能 75kJ，用胶态钯作催化剂时降至 50kJ，而用过氧化氢酶催化时可降至 8kJ 以下。事实上，用过氧化氢酶作催化剂与无催化剂相比，反应速度增高了 10 亿倍以上。这就是由于过氧化氢酶降低了反应所需的活化能。

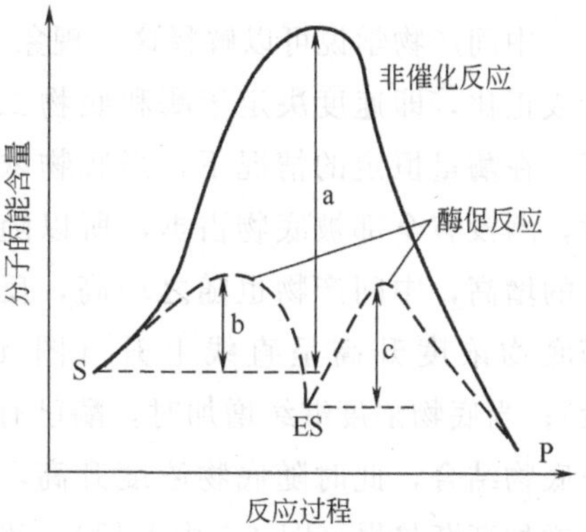

图 4-3 中间产物学说酶促反应减少所需的活化能

中间产物学说认为，酶的高催化效率是由于底物与酶的活性中心靠近与定向，通过共价键、氢键、离子键和配合键等生成极易分解的不稳定的酶与底物复合物，即中间产物，然后再分解为反应产物并释放出酶。释放的酶又可与底物结合，继续发挥其催化功能。根据中间产物学说，酶促反应分两步进行，即中间产物的形成与分解，且所需的活化能都很低，所以反应可迅速进行（图 4-3）。

$$E + S \longrightarrow ES \longrightarrow E + P$$

酶　　底物　　中间产物　　酶　　产物

第三节 影响酶促反应速度的因素

酶促反应的速度受很多因素的影响。这些因素主要有底物浓度、酶浓度、温度、pH、激活剂和抑制剂等。在研究某一因素对某一反应速度的影响时，必须使酶反应体系中的其他条件维持不变，而只变动所要研究的因素。衡量酶活性的大小，可用在一定条件下它所催化的某一化学反应的反应速度来表示，即以单位时间内，单位体积中底物的减少量或产物的增加量来表示。研究影响酶促反应速度的各种因素，对阐明酶在物质代谢中的作用、酶活性测定以及研究药物的作用机制等方面都具有重要的理论和实践意义。

一、酶浓度的影响

在酶促反应体系中，在底物浓度足以使酶饱和的情况下，酶促反应速度与酶浓度成

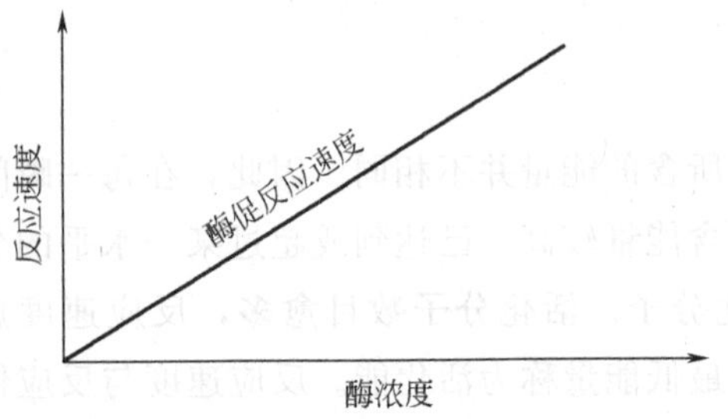

图 4-4　酶浓度对酶促反应速度的影响

正比（图 4-4）。

二、底物浓度的影响

在酶浓度一定的催化条件下，底物浓度与反应速度的相互关系可用矩形双曲线表示（图 4-5）。该曲线表明，当底物浓度很低时，反应速度与底物浓度呈正比关系；随着底物浓度的增加，反应速度不再按正比升高；如果再继续加大底物浓度，这时尽管底物浓度还可以不断增大，反应速度却不再上升，趋向一个极限即最大值，称为最大反应速度（V_{max}）。

中间产物学说可以解释这一现象。根据此学说，反应速度和反应体系中的中间产物浓度成正比，即速度决定于酶和底物二者的浓度。在酶量恒定的情况下，当底物浓度很低时，酶没有全部被底物占据，所以随底物浓度的增高，中间产物也随之增高，反应速度随底物浓度升高呈直线上升（图 4-5 中 a 段）；当底物浓度继续增加时，酶已有大部分与底物结合，此时随底物浓度升高，反应速度增加渐渐趋慢（图 4-5 中 b 段）；当底物浓度继续升高到一定程度，所有酶都被底物所饱和而转变成中间产物即酶浓度等于中间产物浓度时，酶促反应达最大速度；若再增加底物浓度，中间产物浓度不再增加，故反应趋于恒定（图 4-5 中 c 段）。

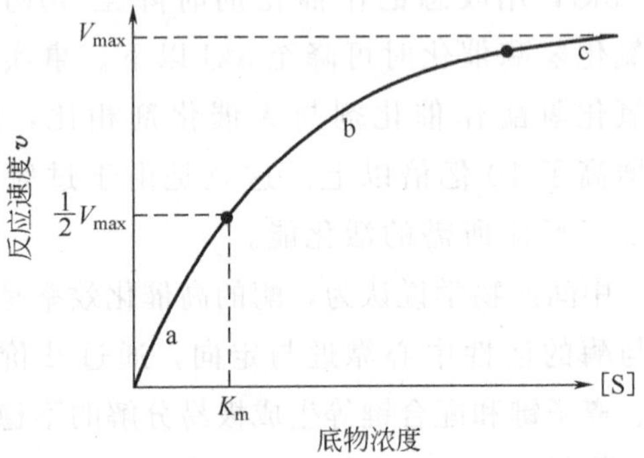

图 4-5　底物浓度对酶促反应速度的影响

为了说明底物浓度与反应速度的关系，1913 年 Michaclis 和 Menten 把图 4-5 归纳为一个数学表达式，这就是酶反应动力学最基本的方程——著名的米曼方程，简称米氏方程：

$$v=\frac{V_{max}[S]}{K_m+[S]}$$

式中，v 为反应初速度；[S] 为底物浓度；V_{max} 为最大反应速度；K_m 为米氏常数。

当酶促反应处于 $v=\frac{1}{2}V_{max}$ 时，代入米氏方程可知 $K_m=[S]$，由此可知，K_m 在数值上等于酶促反应速度为最大反应速度一半时的底物浓度。

米氏常数在酶学研究中有重要的意义：①米氏常数 K_m 是酶的特征性常数之一，K_m 值只与酶的结构和酶所催化的底物有关，与酶的浓度无关。即每一种酶都有它的 K_m 值，以此用于酶的鉴别。②K_m 可反映酶与底物的亲和力。K_m 值越小，说明酶与底物的亲和力越大，反之 K_m 值越大，说明酶与底物的亲和力越小。③一种酶如果同时有几种底物，那么它催化的每一种底物都有一特定的 K_m 值，其中 K_m 值最小的底物是酶的最适底物，以此用于酶测定时底物的选择和确定最适的底物浓度。

三、pH 的影响

酶的活性受 pH 的影响很大。不同 pH 条件下，酶促反应速度也不同。酶促反应速度最快时的 pH 称为该酶的最适 pH。各种酶的最适 pH 不同，体内大多数酶的最适 pH 在 5～8 之间，pH 活性曲线近似钟形（图 4-6）。但也有例外，胃蛋白酶的最适 pH 为 1.5～2，其活性曲线只有钟形的一半。同一种酶的最适 pH 因底物的种类及浓度不同，或所用缓冲剂不同等而稍有改变，所以最适 pH 不是酶的特征性常数。

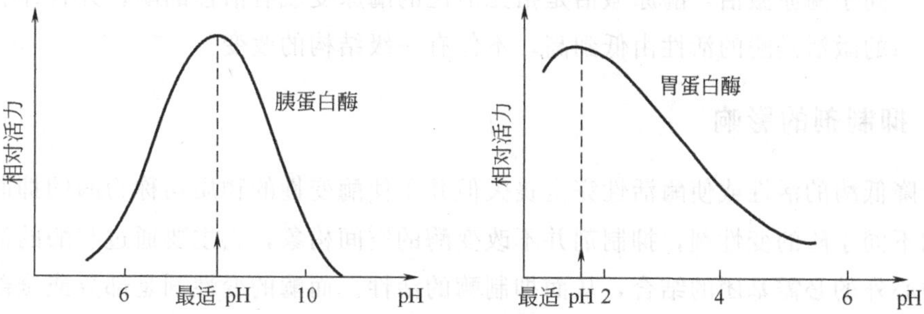

图 4-6　pH 对酶促反应速度的影响

pH 影响酶的催化活性，主要是因为 pH 影响酶和底物的电离状态，特别是影响酶活性中心内一些必需基团的电离状态。在最适 pH 时，酶的活性中心及底物分子的电离状态恰好是酶与底物结合并催化底物发生变化的最佳电离状态。pH 高于或低于最适 pH 时，解离状态发生改变，酶和底物结合力降低，因而反应速度降低。过酸过碱则破坏酶蛋白的空间结构而变性失活。为了防止酶促反应时底物和产物等因素对溶液 pH 的影响，在进行酶促反应时，应选用适宜的缓冲液，以保持酶活性的相对稳定。

四、温度的影响

温度对酶促反应有双重影响。温度升高一方面可加速反应的进行，另一方面也加快了酶蛋白的变性。在温度较低时，前一种影响较大，反应速度随温度的升高而加快。随着温度不断上升，酶的变性因素开始占优势，反应速度随温度的上升而减慢，形成图 4-7 的曲线。可见只有当两种影响相互平衡时，即温度既不过高以引起酶的变性，又不过低以延缓反应的进行时，反应进行的速度最快。把酶促反应速度最快时的温度称为酶促反应的最适温度。

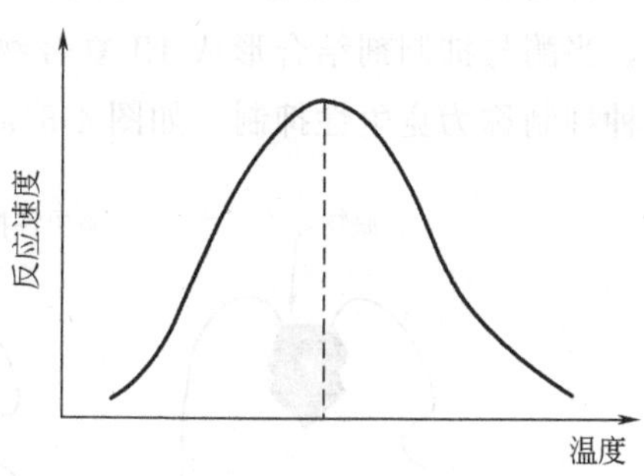

图 4-7　温度对酶促反应速度的影响

人体内大多数酶的最适温度在 37℃左右。一般温度超过 60℃酶即开始变性，超过 80℃酶的变性已不可逆；而温度偏低并不破坏酶活性，当温度回升时，反应速度又可加快。临床上低温麻醉就是利用这一性质来减慢细胞的代谢速率，从而提高机体对氧和营养缺乏的耐受性。酶制剂和标本（如血清）应放在冰箱中保存，也是这个道理。

各种酶的最适温度不相同。同一种酶的最适温度也因底物种类、反应时间、酶纯度和浓度、pH 等因素不同而稍有改变。所以最适温度不是酶的特征性常数。

五、激活剂的影响

凡能提高酶活性的物质均称为酶的激活剂。多数酶的激活剂是金属离子，如 K^+、Mg^{2+}、Mn^{2+}、Ca^{2+} 等；少数酶的激活剂为负离子，如 Cl^- 是唾液淀粉酶最强的激活剂。酶的激活不同于酶原激活，酶原激活是指无活性的酶原变成有活性的酶，并且伴有抑制肽的水解；酶的激活是酶的活性由低到高，不伴有一级结构的改变。

六、抑制剂的影响

凡能降低酶的活性或使酶活性完全丧失但并不使酶变性的物质均称为酶的抑制剂。酶的抑制剂不同于酶的变性剂，抑制剂并不改变酶的空间构象，它主要通过与酶的活性中心或活性中心外的必需基团的结合，从而抑制酶的活性。而酶的变性剂是部分或全部改变了酶的空间构象，从而引起酶的活性降低或丧失。凡是使酶变性失活的因素如强酸、强碱等，其作用对酶没有选择性，不属于酶的抑制剂。

许多对机体有毒的物质和药物常是酶的抑制剂，它们通过对体内某些酶的抑制来发挥其毒性和治疗效果，了解酶的抑制作用是阐明药物作用机制和设计研究新药的重要途径。

抑制剂对酶的抑制作用可分为可逆性抑制和不可逆性抑制两类。

（一）可逆性抑制

抑制剂与酶以非共价键结合，抑制酶的活性。因可用透析等物理方法除去抑制剂，恢复酶的活性，故称可逆性抑制。根据抑制剂在酶分子上的结合位置不同，又分为竞争性抑制与非竞争性抑制。

1. 竞争性抑制

抑制剂（I）与底物（S）的化学结构相似，在酶促反应中，两者相互竞争酶的活性中心，当酶与抑制剂结合形成 EI 复合物后，则不能再与底物结合，从而抑制了酶的活性。这种抑制称为竞争性抑制，如图 4-8(a)、(b)。竞争性抑制可以通过增加底物的浓度来抵

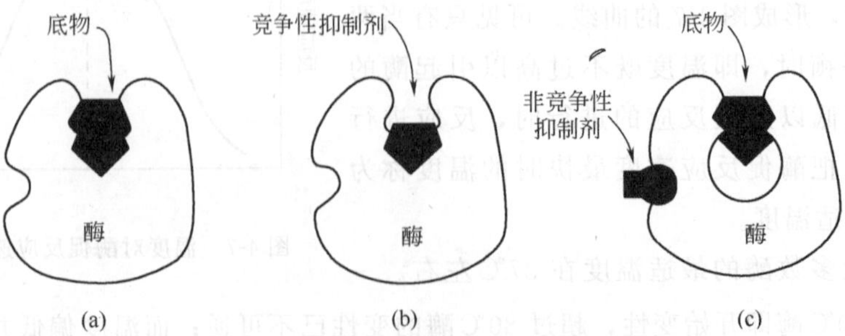

图 4-8 竞争性抑制与非竞争性抑制示意

消或解除抑制剂的抑制作用，即抑制作用的大小取决于抑制剂浓度与底物浓度之比。经典的例子是丙二酸对琥珀酸脱氢酶的抑制作用，其抑制程度决定于丙二酸与琥珀酸浓度的相对比例。

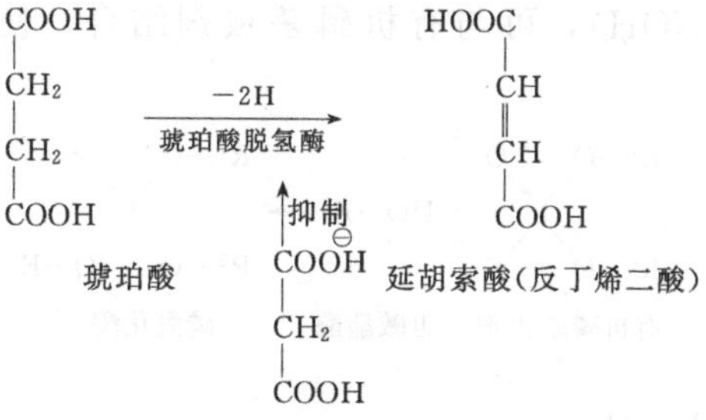

丙二酸

许多药物属于酶的竞争性抑制剂，如抑制细菌生长繁殖的磺胺类药物和磺胺抗菌增效剂甲氧苄啶（TMP）就是典型的例子。对磺胺类药物比较敏感的细菌，不能直接利用环境中的四氢叶酸，必须在二氢叶酸合成酶的作用下，以对氨基苯甲酸（PABA）等为原料合成二氢叶酸，再在二氢叶酸还原酶的作用下将其还原为四氢叶酸。四氢叶酸是细菌合成核苷酸必不可少的辅酶。磺胺类药物与对氨基苯甲酸化学结构相似，可以竞争地与二氢叶酸合成酶结合，从而抑制了二氢叶酸的合成，进而减少了四氢叶酸的合成，抑制了细菌的生长繁殖。而人体能从食物中直接利用叶酸，所以代谢不受磺胺类药物影响。

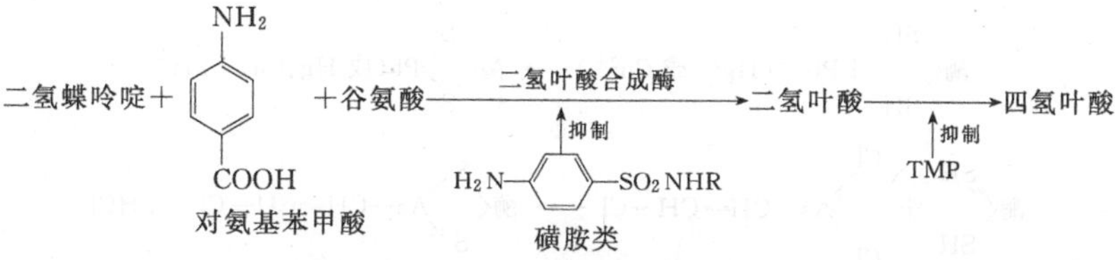

抗菌增效剂 TMP 可增强磺胺药的药效，因为它的结构与二氢叶酸有类似之处，是细菌二氢叶酸还原酶的强抑制剂，它与磺胺药配合使用，能使细菌合成四氢叶酸受到双重抑制，因而严重影响细菌核酸和蛋白质的合成。此外，毒扁豆碱、毒蕈碱之所以具有毒性，也是由于它们与乙酰胆碱有类似的结构，为胆碱酯酶的竞争性抑制剂。

2. 非竞争性抑制

非竞争性抑制剂与底物无相似之处，抑制剂在酶分子上的结合部位不在活性中心处，而是通过与活性中心外的必需基团结合来抑制酶的活性。抑制剂与酶结合后，虽不妨碍再与底物结合，但所形成的酶、底物、抑制剂三元复合物不能进一步反应分解为产物，从而使反应速度下降。其抑制作用的程度取决于抑制剂本身的浓度，不能用增加底物浓度的方法消除，故称非竞争性抑制，如图 4-8(a)、(c)。

（二）不可逆抑制

抑制剂与酶以共价键紧密结合，不能用透析、超滤等物理方法除去抑制剂而恢复酶的活性，所以这种抑制是不可逆的。只能采用相应的解毒剂，通过化学反应与抑制剂结合，将酶取代出来，以解除抑制。如常见的有机磷杀虫剂（敌敌畏、敌百虫、杀螟松等）能专一地与胆碱酯酶活性中心的丝氨酸残基上的羟基结合，使其磷酰化而产生不可逆抑制。胆碱能神经末梢分泌的乙酰胆碱不能及时分解，过多的乙酰胆碱使一系列胆碱能神经过度兴奋，从而出现一系列的症状。某些药物如解磷定（PAM）等药物中含有肟基（—CH＝NOH），可与有机磷杀虫剂结合，使酶和有机磷杀虫剂分离而复活。

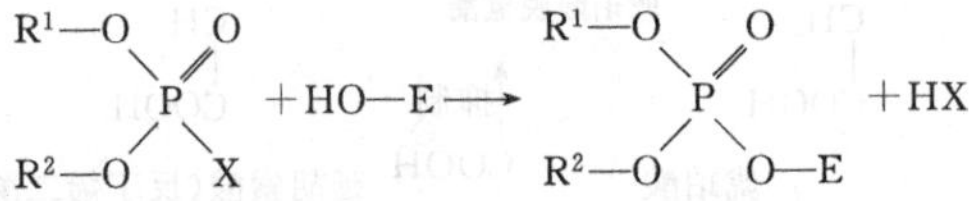

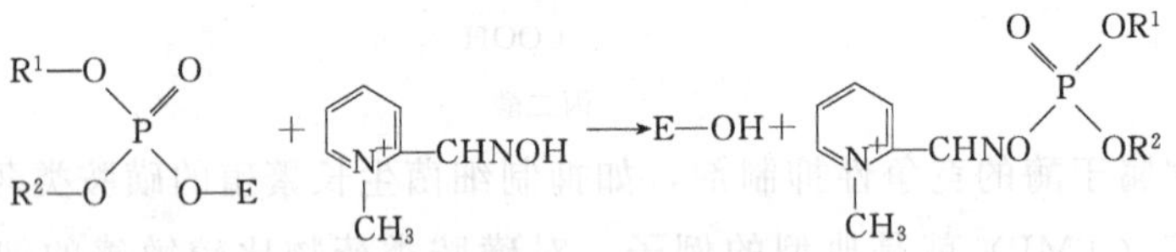

$$
\begin{array}{ccc}
\underset{\text{有机磷杀虫剂}}{\overset{R^1-O}{\underset{R^2-O}{>}}P\overset{O}{\underset{X}{<}}} + \underset{\text{胆碱酯酶}}{HO-E} \longrightarrow \underset{\text{磷酰化酶}}{\overset{R^1-O}{\underset{R^2-O}{>}}P\overset{O}{\underset{O-E}{<}}} + HX
\end{array}
$$

$$
\underset{\text{磷酰化酶}}{\overset{R^1-O}{\underset{R^2-O}{>}}P\overset{O}{\underset{O-E}{<}}} + \underset{\text{解磷定（PAM）}}{\underset{CH_3}{\overset{+}{N}}-CHNOH} \longrightarrow E-OH + \underset{\text{胆碱酯酶}}{} \underset{\text{磷酰 PAM}}{\underset{CH_3}{\overset{+}{N}}-CHNO\overset{O}{\underset{OR^2}{>}}P\overset{OR^1}{<}}
$$

（R^1、R^2 为不同的烷基，X 为卤族元素）

某些重金属离子（如 Hg^{2+}、Ag^+、Pb^{2+} 等）、有机砷化物及对氯汞苯甲酸、路易斯毒气（$CHCl＝CH—AsCl_2$）等，能与酶分子的巯基进行不可逆共价结合，许多以巯基作为必需基团的酶（称为巯基酶）会因此而被抑制，使人畜中毒死亡。此类中毒在临床上可用二巯基丙醇（BAL）或二巯基丁二酸钠等含巯基的化合物解毒，恢复酶的活性。

$$
\underset{}{酶}\overset{SH}{\underset{SH}{<}} + Pb^{2+}(Hg^{2+}\text{或}Cu^{2+}) \longrightarrow 酶\overset{S}{\underset{S}{>}}Pb(\text{或 Hg、Cu}) + 2H^+
$$

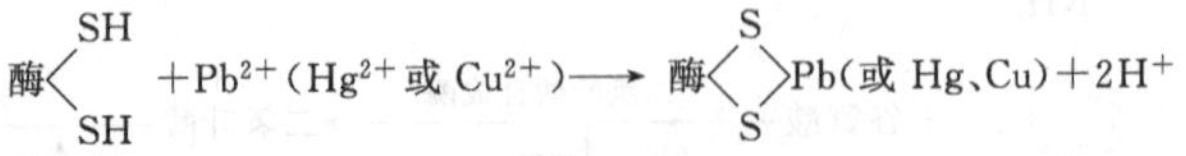

$$
酶\overset{SH}{\underset{SH}{<}} + \overset{Cl}{\underset{Cl}{>}}As-CH＝CH-Cl \longrightarrow 酶\overset{S}{\underset{S}{>}}As-CH＝CH-Cl + 2HCl
$$

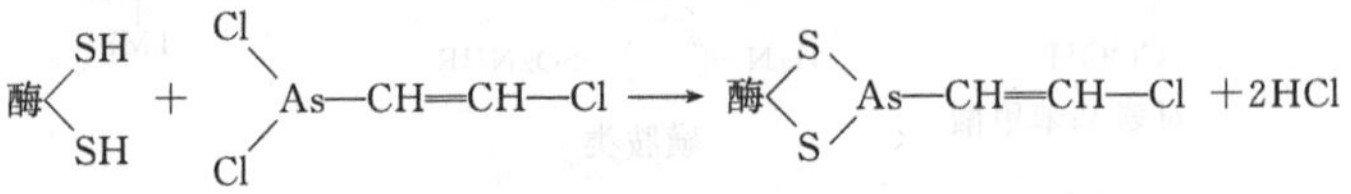

路易斯毒气   失活的巯基酶

$$
酶\overset{S}{\underset{S}{>}}As-CH＝CHCl + \overset{CH_2OH}{\underset{CH_2SH}{\overset{|}{\underset{|}{CHSH}}}} \longrightarrow 酶\overset{SH}{\underset{SH}{<}} + \overset{CH_2}{\underset{CH_2OH}{\overset{|}{\underset{|}{CH}}}}\overset{AsCH＝CHCl}{<}
$$

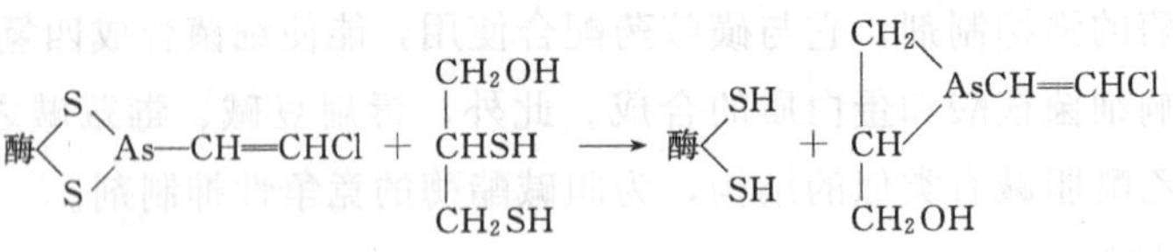

BAL

第四节　固定化酶

一、固定化酶的概念和优点

固定化酶又称水不溶酶或固相酶，是指水溶性酶（游离酶）借助于物理和化学方法把酶束缚在某一空间，成为不溶于水但仍具有催化活性的一种酶或其衍生物。它是 20 世纪 60 年代发展起来的一种新的应用技术，是近代工程技术的主要研究领域。

酶在水溶液中不稳定，一般不便反复使用，也不易与产物分离，不利于产品的纯化。固定化酶可以弥补这些缺点，它在酶促反应过程中具有如下优点：①酶经固定化后，稳定性有了很大提高；②可反复使用，提高了使用效率，降低了成本；③有一定机械强度，可进行柱式反应或分批反应，使反应连续自动化操作，适合现代化规模工业化生产；④易与反应产物分离，因酶不混入产物中，简化了产品的纯化工艺。

由于固定化酶具有以上优点，所以它克服了以往用游离酶进行酶促反应时酶在水溶液中不稳定、在反应液中回收未变性酶困难、产物因酶混入而难以提纯精制、不能连续操作等缺点，在经济效益和工艺改革方面有很大潜力。近年来，还普遍开展了直接固定微生物的研究，从固定一种酶发展到固定一套完整的酶系统，作为复杂酶促反应的生物催化剂。

二、固定化酶的制备方法

(1) 载体结合法　即将酶固定在不溶性载体上，结合方式主要有吸附和共价结合两种。吸附方式有物理吸附和离子交换吸附。用于物理吸附的载体有高岭土、磷酸钙凝胶、硅胶、羟基磷灰石、纤维素、淀粉等。用于离子交换吸附的载体有 CM-纤维素、DEAE-纤维素、多孔玻璃、合成的大孔离子交换树脂等。共价结合方式是将酶通过化学反应以共价键结合于载体上的固定化方法，本法是固定化酶研究中最活跃的一大类方法。如图 4-9(a)。

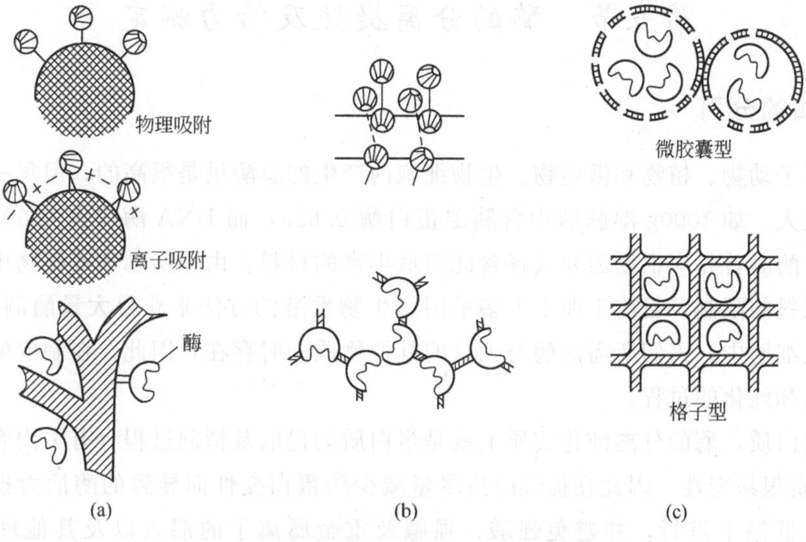

图 4-9　各种方法制备的固定化酶示意

(a) 载体结合法；(b) 交联法；(c) 包埋法

(2) 交联法　即将酶与具有两个以上官能团的多功能试剂进行反应，得到三向的交联网架结构，试剂为可溶性的，如戊二醛等。见图 4-9(b)。

(3) 包埋法　是将酶物理包埋在高聚物内的方法。高聚物可以是凝胶微小格子或半透膜微型胶囊等。见图 4-9(c)。

三、固定化酶在医药工业中的应用

固定化酶在工业、医学、分析工作及基础研究等方面有广泛用途。现主要介绍与医药有关的几个方面。

1. 药物生产中的应用

在医药工业中，固定化酶应用比较成功，并已显示出巨大的优越性。如用酶法水解RNA制取5′-核苷酸时，将5′-磷酸二酯酶做成固定化酶用于水解RNA制备5′-核苷酸，其效率比用游离酶提高15倍。此外，*N*-酰化青霉素酶、谷氨酸脱羧酶、天冬氨酸酶、酰化氨基酸酶等都已制成固定化酶用于药物生产。

2. 亲和层析中的应用

亲和层析是利用生物大分子能与其相应的专一分子可逆结合的特性而发展的一种层析方法。如抗体和抗原、酶和底物，或抑制核糖核酸与其互补的脱氧核糖核酸间都存在专一的亲和力，若将一方固定在载体上，就可根据它们间的专一亲和力而将被分离的大分子物质吸附于载体上，洗去杂质再将它解离，就可得到纯的物质。

3. 医疗上的应用

制造新型的人工肾，它是由微胶囊的脲酶和离子交换树脂的吸附剂组成的。前者水解尿素产生氨，后者吸附除去氨，以降低病人血液中过高的非蛋白氮。

第五节　酶的分离提纯及活力测定

一、酶的分离

酶来源于动物、植物和微生物。生物细胞内产生的总酶量是很高的，但每一种酶的含量却差别很大。如1000g湿胰腺中含胰腺蛋白酶0.65g，而DNA酶仅有0.0005g。因此在提取某一酶时首先应根据需要选择含此酶最丰富的材料。由于从动物或植物中提取酶制剂会受到原料的限制，目前工业上大多采用微生物发酵的方法来获得大量酶制剂。另外，在生物组织细胞中，人们所需的酶与大量的其他物质同时存在，因此，在制取酶制剂时必须经过分离和纯化的过程。

酶是蛋白质，酶的分离纯化实质上就是蛋白质的提取及精制过程（有关内容见第十一章）。蛋白质很易变性，因此在提纯时应尽量减少酶蛋白变性而导致的酶活力损失，故全部操作需在低温下进行，并避免强酸、强碱及重金属离子的混入以及其他理化因素的影响。

1. 破碎细胞

某一种酶的具体制备方案一般根据其来源、性质及纯度要求来确定，并在每一操作过程中都进行酶活力测定，以便了解酶的提纯情况及计算酶的产率。对于由细胞内产生后分泌到细胞外发挥作用的酶（细胞外酶），只要用水或缓冲液浸泡，滤去不溶物就得到粗抽提液。对于在细胞内产生后并不分泌到细胞外，而在细胞内起催化作用的酶（细胞内酶），就必须先破碎细胞，使酶释放出来，然后用适当的溶剂进行抽提。动物细胞较易破碎，通过一般的研磨器、匀浆器、捣碎机等就可达到目的。细菌细胞具有较厚的细胞壁，较难破碎，需用超声波、溶菌酶和某些化学试剂（如甲苯、三氯乙烯、三氯甲烷）在适宜的 pH 和温度下保温一定时间，使菌体自溶液化或冻融等方法加以破碎。

2. 抽提

在 0℃以下，用适当的溶液（如水、稀盐溶液、缓冲液等）将酶溶解出来，再用离心法除去不溶物，得到粗提取液。抽提液和抽提条件的选择取决于酶的溶解度和稳定性等。

二、酶的纯化

粗提液中往往含有很多杂质蛋白（非酶蛋白及一些其他酶）、核酸、黏多糖及无机盐等成分。纯化的目的就是分离除杂，以提高酶的纯度及其活力。常用的纯化方法有：①盐析法，即在不影响酶稳定性的前提下，严格调节 pH 使接近酶的等电点，用中性盐将酶沉淀出来；②有机溶剂沉淀法，用 30%～60%低浓度有机溶剂如乙醇，在低温下将酶沉淀纯化，并将其立即分离出来；③选择性变性沉淀法，如利用蛋白质对加热变性的差异，严格控制温度，将杂蛋白变性沉淀去除；④层析法，以柱层析最有效，发展最快，柱层析包括吸附层析、离子交换层析、分子筛过滤层析等。

酶的纯化过程是一种严密的分离技术，应特别注意酶的活性。多数酶对热很不稳定，而且随着酶的逐渐提纯，非酶蛋白的除去，蛋白质之间相互的保护作用也就逐渐减少，酶的稳定性也就越差。因此，在纯化过程中应尽可能保持低温，在过滤或搅拌等操作中要防止产生大量泡沫而使酶蛋白表面变性。同时，溶液的 pH、离子强度和蛋白质浓度都要严格控制，以防酶变性失活。

三、酶活力的测定

酶活力也称酶活性，是指酶催化一定化学反应的能力。酶活力的高低，可以用在一定条件下它所催化的某一化学反应的速度来表示，反应速度越大，酶活力就越高。酶的反应速度可用单位时间内、单位体积中，底物的减少或产物的增加量来表示。酶活力的高低用酶活力单位来表示，一个酶活力单位（U）是指在特定条件下，在 1min 内，催化生成 1μmol 产物的酶量（或转化 1μmol 底物的酶量）。特定条件一般指最适条件，底物采用饱和浓度。

比活力是指每毫克酶蛋白所含有的酶活力单位数，一般用活力单位数/毫克酶蛋白来表示。比活力越高，说明杂蛋白越少，有效酶分子越纯。所以比活力是酶纯度的衡量指标。

习　　题

1. 名词解释

酶、酶的活性中心、酶的必需基团、固定化酶、激活剂、抑制剂

2. 酶与一般催化剂比较有何特点?
3. 何谓酶的专一性?有哪几类?各举一例说明。
4. 酶原激活本质是什么?其与一般酶活性的激活有何不同?
5. 影响酶促反应速度的因素有哪些?简述其作用原理,并用曲线表示。
6. K_m 的意义是什么?K_m 的数值说明什么问题?
7. 比较竞争性抑制作用与非竞争性抑制作用的区别。

(姜秀英)

第五章　维　生　素

第一节　概　　述

一、维生素的概念

维生素是维持机体正常生命活动所必需的一类小分子有机化合物。机体对维生素的需要量很少，但体内不能合成或合成量不能满足机体的需要，因此必须不断地从食物中摄取。维生素在医学上有保健和治疗功效，机体长期缺少某种维生素时，可使体内物质代谢过程发生障碍，因而影响正常生长，严重者会导致死亡。

维生素在机体内既不是构成各种组织的主要原料，也不是体内的能源物质，它们的生理功能主要是对物质代谢过程起非常重要的调节作用。多数的维生素作为辅酶或辅基的组成成分参与体内的各种代谢过程和生化反应途径，参与和促进蛋白质、脂肪、糖的合成和利用。

不同种类的维生素，其化学结构和理化性质差异很大，功能也不相同，但一般具有以下的共同特点。

① 维生素不构成机体的组织成分，也不能氧化供应能量。

② 维生素是低分子有机化合物，主要由食物提供。

③ 机体对维生素的需要量甚微，但不可缺少。

④ 大多数维生素以辅酶的形式参与新陈代谢，维生素 D 则以激素形式参与代谢调节。

根据维生素的溶解性不同，可将维生素分为脂溶性维生素和水溶性维生素两大类。脂溶性维生素中比较重要的有维生素 A、维生素 D、维生素 E、维生素 K 等；水溶性维生素中比较重要的有维生素 B_1、维生素 B_2、维生素 PP、维生素 B_6、泛酸、生物素、叶酸、维生素 B_{12}、维生素 C 等。

二、维生素缺乏症和过多症

1. 维生素缺乏症

维生素在人体不能合成或合成量不足，同时维生素本身也在不断地进行分解代谢、排出体外，为此必须及时从食物中获取足够量，否则将可能引起维生素缺乏症。维生素缺乏症是指由于维生素的缺乏而引起的身体不适应症状（或者可以说是某些疾病）。维生素的缺乏主要是由下列因素引起的。

（1）维生素供给不足　由于偏食、食品贮存或加工方法不当造成维生素的大量破坏与丢失等原因致使食物中的维生素缺乏。

(2) 机体对维生素的吸收障碍　肠蠕动加快、胆道疾患、长期腹泻等消化道疾病均可影响维生素的吸收。

(3) 机体对维生素的需要量增加　婴幼儿、孕妇、乳母、重体力劳动者及慢性消耗性疾病患者，对维生素的需求量大于常人。

(4) 某些药物的作用　正常情况下肠道细菌合成的维生素是机体维生素的来源之一，长期服用抗生素则可抑制细菌的生长，而导致细菌合成维生素的减少；长期使用异烟肼类药物则可加速维生素 B_6 的破坏，并对维生素 PP 产生拮抗作用。

2. 维生素过多症

对机体而言，虽然维生素是必不可少的，但也不是说越多越好。特别是脂溶性维生素，由于其可在体内贮存，当摄入量过多的时候可引起中毒症状；部分水溶性维生素摄取过多则可导致某些代谢的异常。因维生素摄取过多而导致的身体不适（疾病）称为维生素过多症。

第二节　脂溶性维生素

脂溶性维生素的化学本质均为异戊二烯的衍生物，不溶于水，而溶于脂肪或脂类溶剂，在食物中常与脂类共存。因而，这类维生素的吸收是伴随着脂类的吸收而吸收的。当脂类的吸收受阻时，也将引起此类维生素的吸收障碍，从而导致维生素缺乏症的产生。脂溶性维生素的另一特点是，可以在肝脏或脂肪组织中贮存，因此，假若大量摄入此类维生素，将有可能造成维生素过多症。

一、维生素 A

1. 维生素 A 的化学本质

维生素 A 又名抗干眼病维生素。其化学本质是一个含 β-白芷酮环的不饱和一元醇，有 5 个共轭双键。维生素 A 有维生素 A_1（视黄醇）和维生素 A_2（3-脱氢视黄醇）两种，它们的化学结构如下：

维生素 A_1

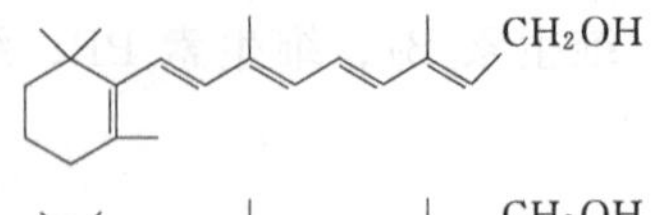

维生素 A_2

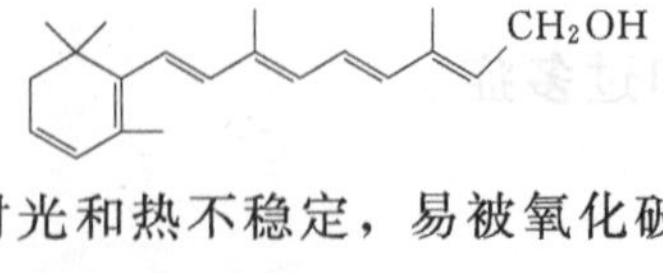

维生素 A 为淡黄色油溶液，对光和热不稳定，易被氧化破坏，但在油溶液中不易被氧化变质，宜保存于 15～30℃。

2. 维生素 A 的来源和生理功能

天然维生素 A 只存在于动物体内，尤其是动物的肝脏中。黄绿色植物中所含有的 β-胡萝卜素可在体内转化为维生素 A，因而 β-胡萝卜素被称为维生素 A 原。

维生素 A 口服易吸收，吸收部位主要在十二指肠和空肠。

维生素 A 具有以下生理功能。

（1）构成视觉细胞内的感光物质　人的视网膜中有两种感光细胞，其中杆状细胞内有感受弱光或暗光的视紫红质。视紫红质由维生素 A 转化而成的 11-顺式视黄醛在暗处与视蛋白结合而成（图 5-1）。视紫红质吸收光子而引起光化学变化，并出现感受器的电位变化，导致细胞兴奋并转化为神经冲动，从而出现暗视觉。眼对弱光的感光性取决于视紫红质的浓度，维生素 A 不足可导致视紫红质的合成受阻、暗适应能力下降甚至丧失，从而导致夜盲症。

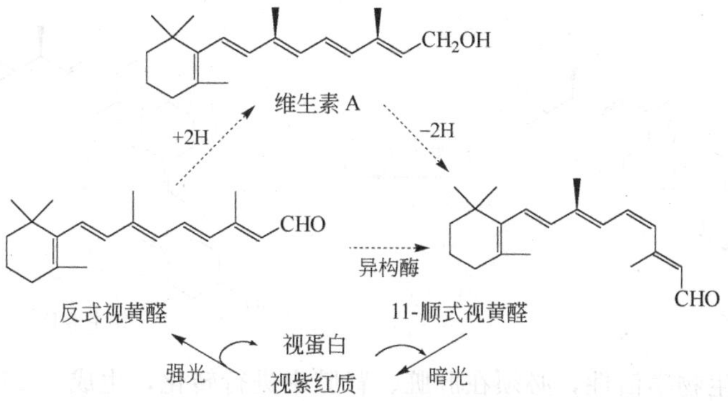

图 5-1　视紫红质的合成与分解

（2）维持上皮组织的正常功能　维生素 A 能促进糖蛋白的合成，糖蛋白可促进组织的发育和分化。维生素 A 缺乏可引起上皮细胞干燥、增生及角质化，其中眼、消化道、呼吸道、泌尿道及生殖器官等上皮组织特别明显。若泪腺上皮组织不完整，使眼泪分泌减少则形成干眼病，故维生素 A 又称为抗干眼病维生素；由于上皮组织的不健全，易感染患病。

（3）促进生长、发育　维生素 A 缺乏可导致生长停滞、发育不良。

（4）防癌和抗癌作用　维生素 A 可控制细胞的增殖及分化、抑制肿瘤细胞生长。

若维生素 A 摄入过量，可导致中毒，如皮肤干燥、肝肿大、厌食等，甚至死亡。

二、维生素 D

1. 维生素 D 的化学本质

维生素 D 是类固醇的衍生物。其中以麦角钙化醇（维生素 D_3）和胆钙化醇（维生素 D_2）较为重要，前者由人体内的胆固醇转化而成，后者则由植物油或酵母中的麦角固醇转化而成。

维生素 D_2、维生素 D_3 均为无色针状结晶或白色结晶性粉末，性质稳定，密闭贮存不易变质，暴露于空气或阳光照射易变质。

2. 维生素 D 的来源和生理功能

维生素 D_3 来自动物性食物，鱼肝油、动物肝脏、蛋黄等含量丰富；此外，也可在体内由胆固醇转化而来。维生素 D_2 来自植物性食物。

维生素 D 由小肠吸收，贮存于肝脏和脂肪中。

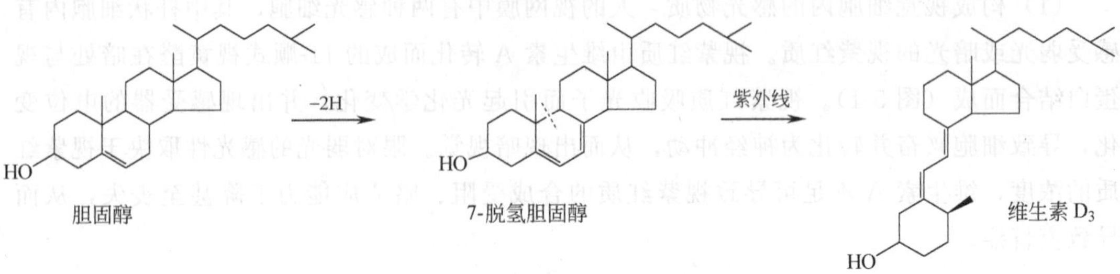

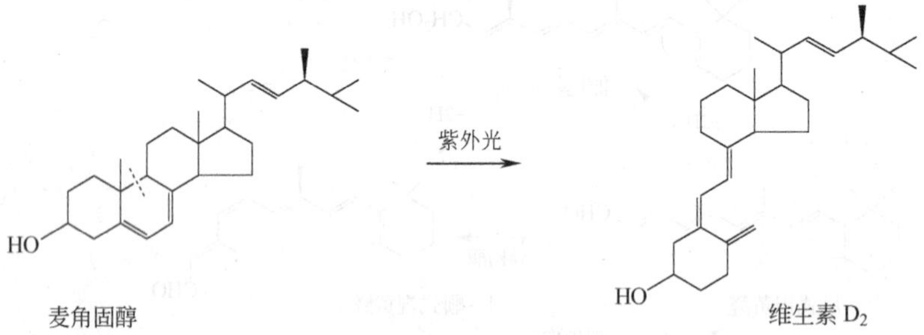

维生素D没有生物学活性，必须在肝脏、肾脏中进行转化，生成1,25-二羟维生素 D_3 后再发生作用。

$$\text{维生素 }D_3 \xrightarrow[\text{(肝)}]{\text{25-羟化酶}} \text{25-(OH)-维生素 }D_3 \xrightarrow[\text{(肾)}]{\text{1-羟化酶}} \text{1,25-(OH)}_2\text{-维生素 }D_3$$

具有生物活性的1,25-二羟维生素 D_3，以激素样的作用方式参与机体内的磷钙代谢，可维持血钙和血磷的恒定，能促进成骨作用。当维生素D缺乏时，可导致体内磷、钙代谢紊乱，成骨作用发生障碍，而致儿童产生佝偻病、成人产生软骨病。

维生素D的长期大量使用也可引起维生素D过多症，表现为食欲下降、呕吐、腹泻、头痛等慢性症状，严重时可出现骨破坏、软组织钙化和动脉硬化等。

三、维生素E

1. 维生素E的化学本质

维生素E又名生育酚，其化学本质为6-羟基苯并二氢吡喃的衍生物。

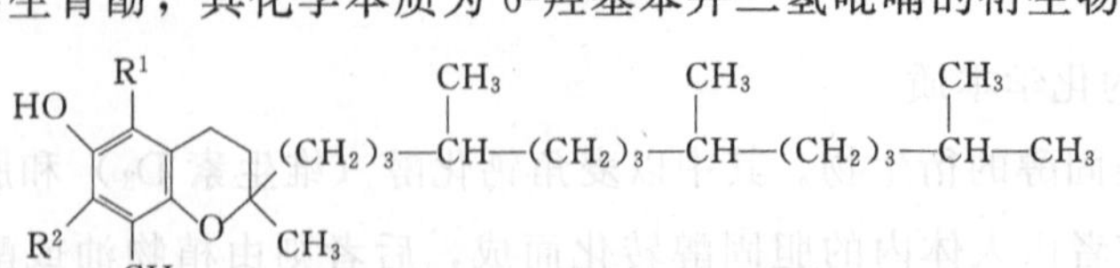

维生素E为微黄色和黄色透明的黏稠液体，遇光色泽变深；在无氧条件下，对热稳定；由于含有酚羟基，对氧敏感，极易被氧化。

2. 维生素E的来源和生理作用

维生素E主要存在于各种植物油、谷类胚芽、豆类、绿色蔬菜等食物中。

维生素E在胆盐的协助下，由肠道吸收。

维生素E具有较广泛的生理功能。

(1) 抗不育作用　动物实验证明，维生素E缺乏时生殖器官发育受损，严重时引起不育。但人类尚未发现因维生素 E 缺乏所导致的不育症，临床上一般用于防治先兆流产和更年期综合征。

(2) 抗氧化作用 机体内的自由基具有强氧化性，维生素 E 可与自由基起反应，形成生育酚自由基，生育酚自由基又可进一步与另一个自由基反应生成生育醌，从而防止自由基对生物膜的破坏，保护了生物膜的结构与功能，因而被认为是可用于抗衰老的物质。

(3) 促进血红素合成 维生素 E 能提高血红素合成过程中的关键酶的活性，从而促进血红素的生物合成。

维生素 E 一般不易缺乏，目前人类尚未发现由于维生素 E 缺乏所导致的疾病。

四、维生素 K

1. 维生素 K 的化学本质

维生素 K 又名凝血维生素，其化学本质为 2-甲基-1,4-萘醌的衍生物，结构如下：

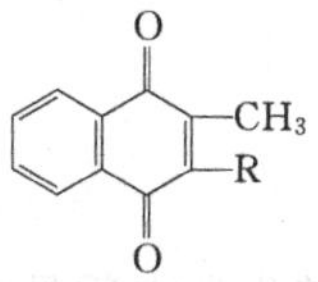

天然存在的维生素 K 有维生素 K_1 和维生素 K_2 两种，差异在于 R 基团的不同。临床上用的是人工合成的维生素 K_3、维生素 K_4。

维生素 K_1、维生素 K_2 为脂溶性，均有耐热性，在空气中稳定，但对光和碱很敏感；维生素 K_3、维生素 K_4 为水溶性，性质较稳定，但需遮光保存。

2. 维生素 K 的来源和生物功能

维生素 K_1 主要存在绿叶植物和动物肝脏；维生素 K_2 是人体肠道细菌的代谢产物；维生素 K_3、维生素 K_4 为人工合成。

天然维生素 K_1、维生素 K_2 口服必须依赖胆汁吸收；人工合成的维生素 K_3、维生素 K_4 口服则可直接吸收。

维生素 K 的主要生理功能是参与凝血作用。在肝内维生素 K 促进凝血因子Ⅱ、Ⅶ、Ⅸ、Ⅹ的合成，并使凝血酶原转变为凝血酶，后者促使纤维蛋白原转变为纤维蛋白，加速血液凝固。

维生素 K 来源广泛，一般不易缺乏。如果缺乏，可使凝血时间延长，常引起皮下、肌肉、肠胃道出血。

第三节 水溶性维生素

水溶性维生素是一类可溶于水的维生素，这类维生素主要包括 B 族维生素及维生素 C。这类维生素的化学结构可因种类的不同而有较大的差异。

水溶性维生素与脂类维生素的不同点在于，它们一般不易在体内贮存，因而不易出现水溶性维生素过多症。此外，这类维生素中的B族维生素，无一例外都是以辅酶或辅基的形式参与体内的新陈代谢，见表5-1。

表5-1 维生素与辅酶

种 类	体内活性形式	辅酶的名称	辅酶的生化功能
维生素 B_1	TPP	α-酮酸脱氢酶系中的辅酶	脱羧
		转酮醇酶的辅酶	递酮醇基
维生素 B_2	FAD、FMN	黄素蛋白酶的辅酶	递氢
维生素 PP	NAD^+、$NADP^+$	脱氢酶的辅酶	递氢
维生素 B_6	磷酸吡哆醛、磷酸吡哆胺	氨基酸转氨酶及脱羧酶的辅酶	递氨基及羧基
泛酸	HS-CoA	酰基转移酶的辅酶	递酰基
生物素		羧化酶的辅酶	固定 CO_2
叶酸	FH_4或 CoF	一碳基团转移酶的辅酶	参与一碳基团的转移
维生素 B_{12}	CoB_{12}、甲基 B_{12}	甲基形成和转移酶的辅酶	参与甲基的形成与转移

一、维生素 B_1

1. 维生素 B_1 的化学本质

维生素 B_1 又名抗脚气病维生素，其化学本质是由硫噻唑和氨基嘧啶环组成的化合物，故亦称为硫胺素。

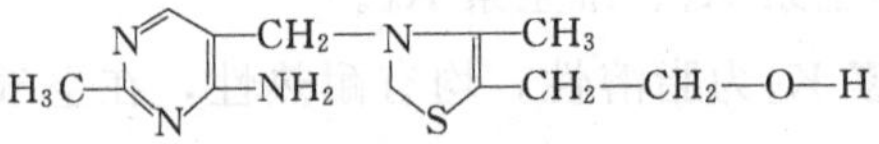

维生素 B_1 为白色结晶或结晶性粉末，易吸收水分；在碱性溶液中容易分解，而在酸性溶液中稳定。维生素 B_1 可氧化为无活性的脱氢硫胺素，在紫外光下呈蓝色荧光。

2. 维生素 B_1 的来源和生理功能

维生素 B_1 存在于谷类、豆类、干果、酵母、硬壳果类等食物中，其中又以谷类的表皮部分含量为高。

维生素 B_1 经口服给药，主要在十二指肠吸收；肌内注射则吸收迅速。

维生素 B_1 本身没有活性，在肝脏中的硫胺素焦磷酸激酶作用下，与 ATP 形成焦磷酸硫胺素（TPP），是体内的活性形式。

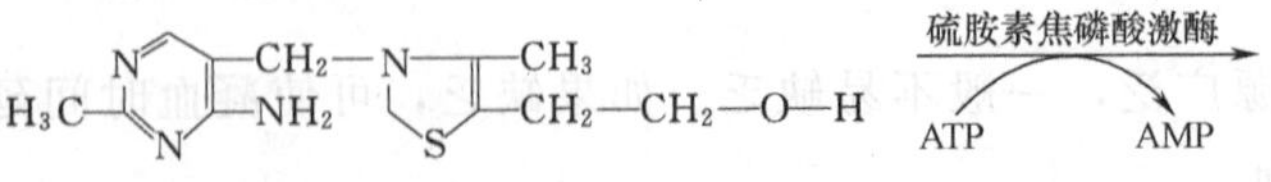

维生素 B_1（硫胺素）

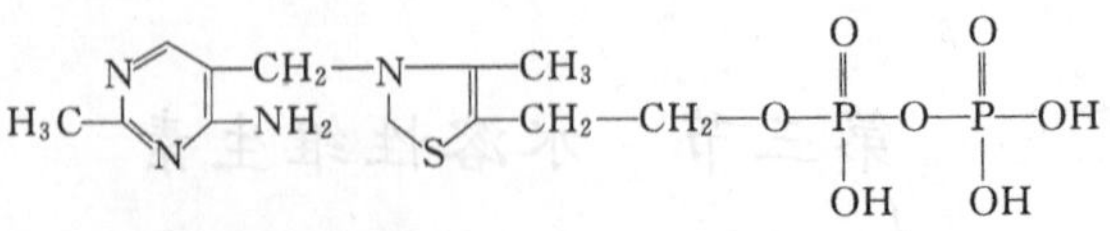

焦磷酸硫胺素（TPP）

维生素 B_1 的生理功能主要有如下几类。

(1) 作为 α-酮酸脱氢酶系中的辅酶　α-酮酸脱氢酶系催化 α-酮酸氧化脱羧，由 α-

酮酸脱羧酶、转酰基酶、二氢硫辛酸脱氢酶紧密复合而成。TPP是α-酮酸脱羧酶的辅酶。TPP在噻唑环上硫和氮之间的碳原子十分活泼，易释放H^+而形成活泼的负碳离子，可与α-酮酸的羰基结合形成不稳定的中间产物，同时使α-酮酸脱羧放出二氧化碳。

一般情况下，机体所需能量由糖代谢产生的丙酮酸氧化供给，而且是体内各物质彻底氧化并供应大量能量的惟一途径，所以维生素B_1缺乏将影响到能量的供给，从而影响细胞的正常功能，特别是神经组织。

(2) 作为转酮醇酶的辅酶参与戊糖代谢　TPP也是转酮醇酶的辅酶，参与戊糖的代谢。戊糖代谢是核苷酸合成所需戊糖的惟一来源，也是体内合成代谢所需$NADPH+H^+$的主要来源。维生素B_1缺乏，可导致戊糖代谢障碍，体内核酸等物质合成代谢将受影响。

维生素B_1缺乏时，首先是神经组织中的糖类代谢受阻，致使丙酮酸堆积在神经组织中，引起“脚气病”。此外，维生素B_1缺乏还可导致末梢神经炎、食欲减退等。

二、维生素B_2

1. 维生素B_2的化学本质

维生素B_2又称核黄素，其化学本质是D-核醇和7,8-二甲基异咯嗪的缩合物。

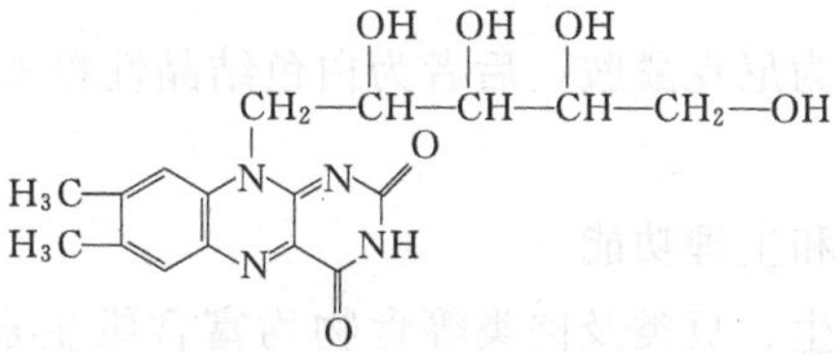

维生素B_2为橙黄色结晶粉末，其水溶液呈黄绿色荧光，遇还原剂退色；在酸性环境中稳定，在碱性环境中易为热和光所破坏。

2. 维生素B_2的来源和生理功能

肝脏、心、肾等动物组织中维生素B_2含量丰富，奶、蛋及绿色蔬菜等食物中也含有。

维生素B_2经由胃肠道吸收，吸收后分布在各种组织中。在利用前，维生素B_2先磷酸化，体内磷酸化的产物为黄素单核苷酸（FMN）和黄素腺嘌呤二核苷酸（FAD）。

FMN、FAD是维生素B_2在机体内的活性形式，它们是黄素蛋白酶的辅基，利用异咯嗪环上的N_1和N_{10}能可逆地加氢和脱氢，在生物氧化过程中起着递氢体的作用。

维生素B_2缺乏时，可产生口角炎、唇炎、舌炎、眼结膜炎和阴囊皮炎等维生素缺乏症。

三、维生素PP

1. 维生素PP的化学本质

维生素PP又名抗癞皮病维生素，包括尼克酸（烟酸）和尼克酰胺（烟酰胺），其化

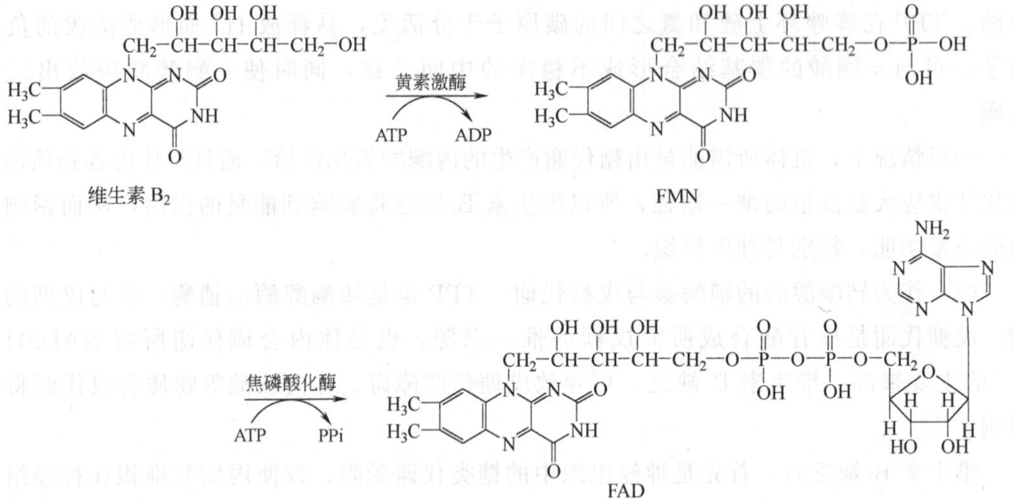

学本质为吡啶衍生物。

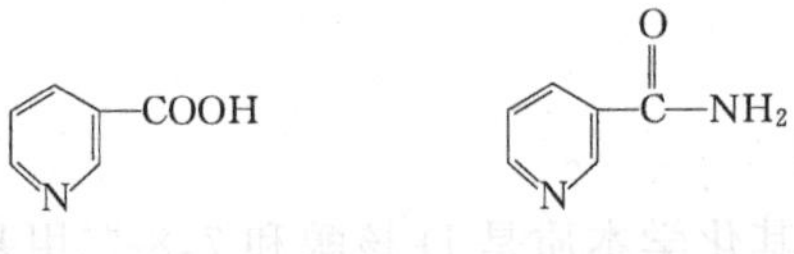

尼克酸　　尼克酰胺

尼克酸在体内可转化为尼克酰胺，后者为白色结晶性粉末；在水、乙醇、甘油等溶液中都较稳定。

2. 维生素 PP 的来源和生理功能

动物肝脏、酵母、花生、豆类及肉类等食物均富含维生素 PP；人、动物、细菌也可利用色氨酸合成尼克酸。

尼克酰胺可经胃肠道吸收。

尼克酰胺在体内与核糖、磷酸、腺嘌呤组成尼克酰胺腺嘌呤二核苷酸（NAD^+）和尼克酰胺腺嘌呤二核苷酸磷酸（$NADP^+$）。

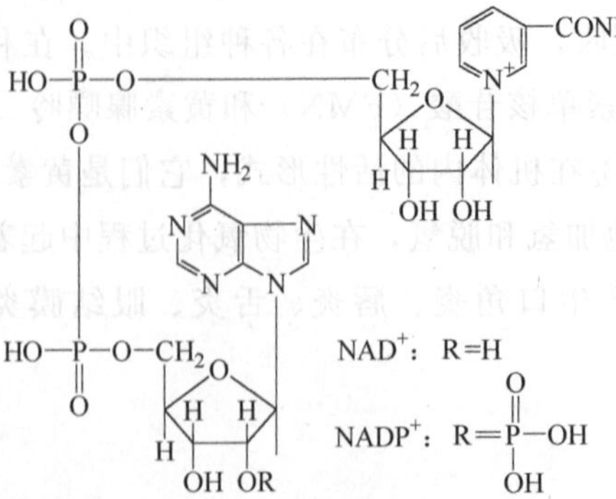

NAD^+ 和 $NADP^+$ 是尼克酰胺在体内的活性形式，它们是多种脱氢酶的辅酶，利用尼克酰胺分子的吡啶氮五价能可逆地接受电子变成三价的性质，其对侧的碳原子性质活泼，

能可逆地加氢和脱氢，在生物氧化过程中起着递氢体的作用。

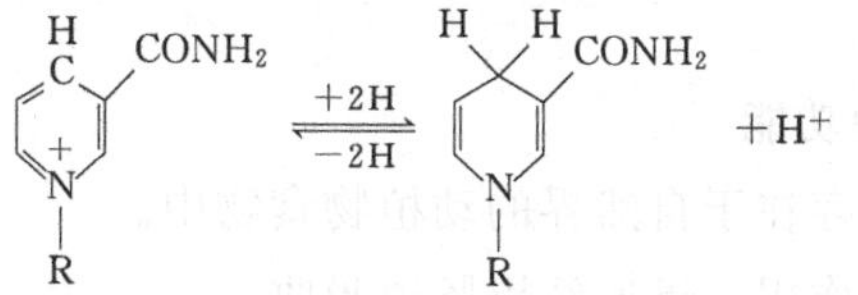

尼克酰胺缺乏可导致缺乏症——癞皮病。

四、维生素 B_6

1. 维生素 B_6 的化学本质

维生素 B_6 包括吡哆醇、吡哆醛、吡哆胺 3 种化合物，它们均为吡啶的衍生物。

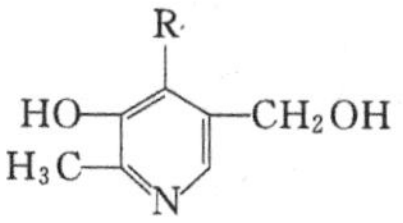

吡哆醇：R=—CH_2OH

吡哆醛：R=—CHO

吡哆胺：R=—CH_2NH_2

维生素 B_6 的盐酸盐为白色或类白色的结晶或结晶性粉末。在碱性溶液中，遇光或高温时均易被破坏。

2. 维生素 B_6 的来源和生理功能

维生素 B_6 广泛存在于动物的肝脏、肌肉、鱼类及黄豆、花生中，肠道内某些微生物也可以合成。

维生素 B_6 口服后经胃肠道吸收。

磷酸吡哆醛、磷酸吡哆胺是维生素 B_6 在体内的活性形式，它们既是氨基酸转氨酶的辅酶，也是某些氨基酸脱羧酶的辅酶。磷酸吡哆醛接受氨基可转变为磷酸吡哆胺，而磷酸吡哆胺脱氨后则重新转变为磷酸吡哆醛。

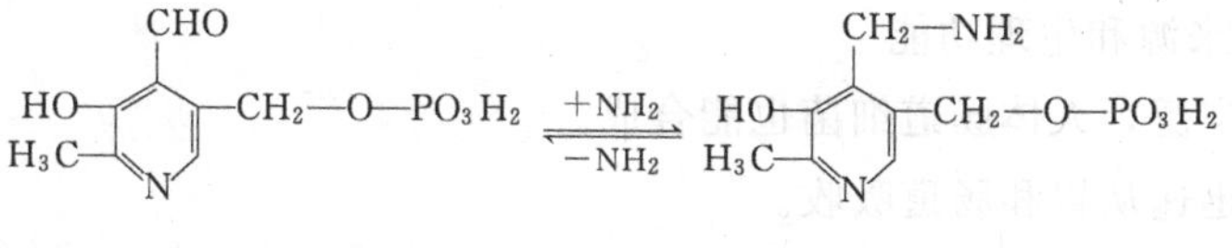

谷氨酸在维生素 B_6 作用下可脱羧，并产生 γ-氨基丁酸。后者是一种抑制性神经递质。为此临床上用维生素 B_6 预防或治疗呕吐。

临床上尚未见典型的维生素 B_6 缺乏症，但异烟肼可与磷酸吡哆醛结合而使其失去活性。故长期服用异烟肼类药物应注意及时补充维生素 B_6。

五、泛酸

1. 泛酸的化学本质

泛酸又称遍多酸，是由 β-丙氨酸借肽键与 α,γ-二羟基-β,β-二甲基丁酸缩合而成的酸性化合物。

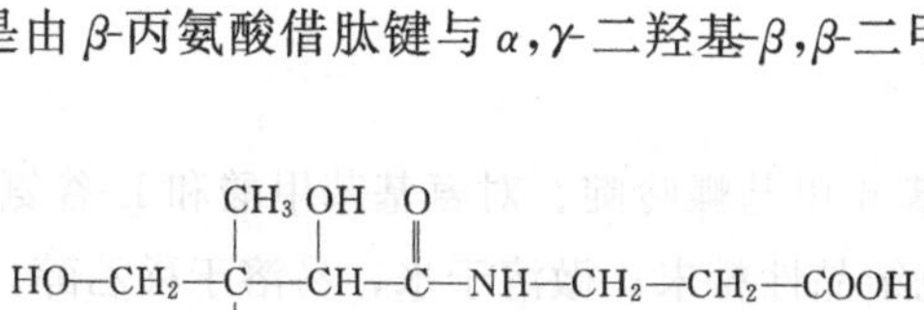

泛酸是浅黄色黏油，易溶于水及酒精，在中性溶液中耐热，对氧化剂及还原剂极为稳定。

2. 泛酸的来源和生理功能

泛酸来源广泛，广泛存在于自然界的动植物食物中。

泛酸口服后通过扩散作用，迅速经胃肠道吸收。

泛酸与β-氨基乙硫醇和3′-磷酸腺苷-5′-焦磷酸构成辅酶A(CoA)；泛酸经磷酸化并获得巯基乙胺则生成4-磷酸泛酰巯基乙胺，是酰基载脂蛋白ACP的辅基。在体内，CoA、ACP是泛酸的活性形式，它们的作用在于传递酰基，在糖类、蛋白质，特别是脂类的代谢中起着十分重要的作用。

由于泛酸的来源广泛，临床上泛酸的缺乏症少见。

六、生物素

1. 生物素的化学本质

生物素是由戊酸噻吩与尿素结合而成的并环。

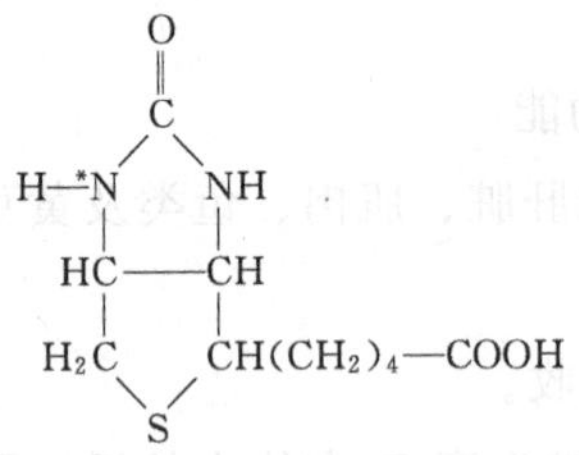

生物素

生物素为白色结晶粉末；溶于热水而不溶于乙醇、乙醚及三氯甲烷；在普通温度下相当稳定，但高温和氧化剂可致其失活。

2. 生物素的来源和生理功能

生物素来源广泛，人体肠道细菌也能合成。

口服生物素迅速从胃和肠道吸收。

生物素是多种羧化酶的辅酶。生物素通过侧链羧基与酶蛋白中的赖氨酸ε-氨基结合，在羧化作用时，生物素环上的N*原子可与羧基结合生成羧基生物素，参与固定CO_2的羧化反应。

人类一般不会出现生物素缺乏症，但如果长期食用生鸡蛋，则可因鸡蛋清中含有抗生物素蛋白，影响生物素的吸收而致生物素缺乏。生物素缺乏症可表现为：恶心呕吐、食欲不振、疲乏、皮炎等。

七、叶酸

1. 叶酸的化学本质

叶酸由2-氨基-4-羟基-6-甲基蝶呤啶、对氨基苯甲酸和L-谷氨酸组成。

叶酸为黄色或橙黄色结晶性粉末；微溶于水，易溶于稀乙醇，不溶于脂溶剂；在酸性溶液中不稳定，容易被光破坏。

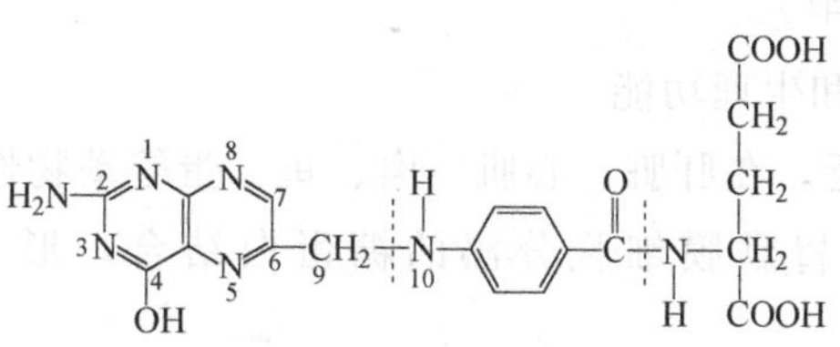

2. 叶酸的来源和生理功能

叶酸因在绿叶植物中含量丰富而得名，在蔬菜、水果及动物的肝、肾中均有存在。

叶酸在肠道吸收后，经门静脉进入肝脏，在肝内二氢叶酸还原酶的作用下，转变为具有活性的四氢叶酸（FH_4、CoF）。

FH_4是体内一碳单位转移酶的辅酶，在单核苷酸合成过程中起运输一碳单位的作用。当叶酸缺乏时，由于单核苷酸的合成受阻而致 DNA 生物合成受阻，从而使细胞的分裂成熟发生障碍，引起巨幼细胞性贫血。

八、维生素 B_{12}

1. 维生素 B_{12}的化学本质

维生素 B_{12}是目前已知维生素中惟一含金属元素的，其化学结构复杂，含钴、氰基、咕啉环、3′-磷酸-5,6-二甲基苯并咪唑核苷和氨基丙醇。

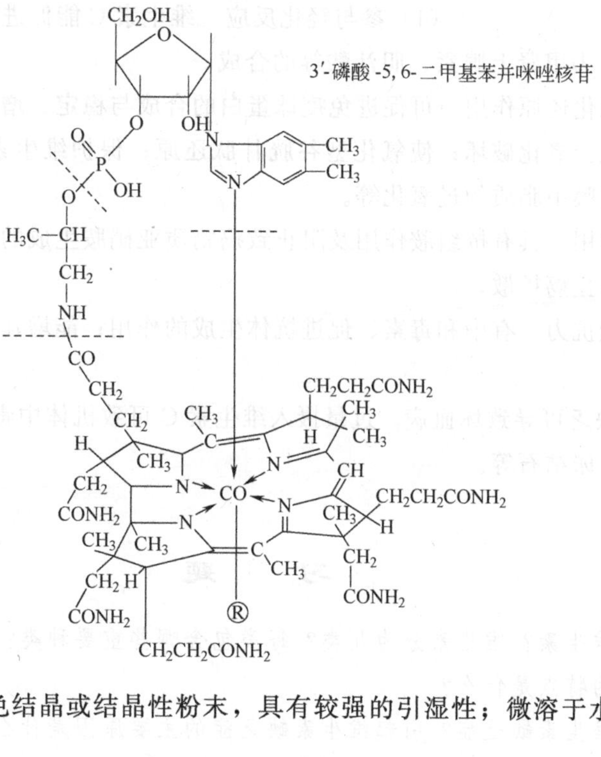

维生素 B_{12}为深红色结晶或结晶性粉末，具有较强的引湿性；微溶于水或乙醇，可溶

于丙酮、三氯甲烷或乙醚中。

2. 维生素 B_{12} 的来源和生理功能

维生素 B_{12} 的来源广泛，在肝脏、心肌、肉、鱼、蛋等动物性食物中含量丰富。

维生素 B_{12} 口服后与胃黏膜细胞分泌的糖蛋白结合，形成复合物后经扩散吸收入血。

辅酶 B_{12}（CoB_{12}）、甲钴素（甲基 B_{12}）是维生素 B_{12} 在体内的两种活性形式，它们参与体内的甲基形成和转移。

维生素 B_{12} 缺乏时可导致巨幼细胞性贫血。

九、维生素C

1. 维生素C的化学本质

维生素C又名抗坏血酸，是一种不饱和的多羟基内酯化合物。

维生素C为无色结晶；有酸味，易溶于水，不溶于脂溶剂；具很强的还原性，在中性或碱性溶液中极易被热或氧所破坏。

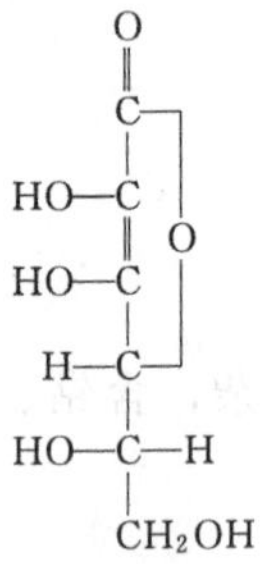

维生素C

2. 维生素C的来源和生理功能

维生素C广泛存在于新鲜水果及绿叶蔬菜中，尤以番茄、橘子、鲜枣等含量丰富，山楂、苍耳子、松针等中草药也富含维生素C。

维生素C口服后在胃肠道，主要是空肠部位吸收。

维生素C具有广泛的生理功能。

（1）参与羟化反应　维生素C能促进胶原蛋白的羟化，还可促进5-羟色胺、去甲肾上腺素、胆汁酸等的合成。

（2）参与氧化还原作用　可促进免疫球蛋白的合成与稳定、增强机体抵抗力；保护巯基酶中的巯基免受氧化破坏；使氧化型谷胱甘肽还原；保护维生素A、维生素E等免遭氧化；防止生物膜中脂质的过氧化等。

（3）抗癌作用　具有抗组胺作用及阻止致癌物质亚硝胺生成的作用；促进透明质酸酶抑制物合成，防止癌扩散。

（4）增强抵抗力　有中和毒素、促进抗体生成的作用；能增强机体的解毒功能及对传染病的抵抗力。

维生素C缺乏可导致坏血病。过量摄入维生素C可致机体中毒，表现为疲乏、呕吐、荨麻疹、腹痛、尿结石等。

习　题

1. 什么是维生素？维生素分为几类？每类包含哪些重要种类？
2. 维生素的特点是什么？
3. 什么是维生素缺乏症？引起维生素缺乏症的主要原因是什么？

4. 维生素A的生理功能有哪些？缺乏维生素A为什么会产生“夜盲症”？

5. TPP、FMN、FAD、NAD^+、$NADP^+$、CoA各含有哪种维生素？各是哪种酶的辅酶（辅基）？各自的作用是什么？

6. 维生素B_6包括哪几种物质？在体内的活性形式是什么？有哪些生理功能？

7. 缺乏维生素B_{12}、叶酸为什么会引起巨幼细胞性贫血？

8. 维生素C有哪些生理功能？

（劳影秀）

第六章 糖代谢

第一节 糖类及其功能

一、糖的概念

糖是自然界中的一大类有机化合物，为多羟基的醛或酮及其衍生物。它广布于所有的生物体中。在植物体内，糖可以通过光合作用由 CO_2 和 H_2O 合成；而对于人和动物体来说，则不可能，必须由食物提供糖类物质。在人体内常见的糖类有如下几种。

- 糖
  - 单糖
    - 丙糖（甘油醛、二羟丙酮）
    - 丁糖（赤藓糖、赤藓酮糖）
    - 戊糖（核糖、木糖、脱氧核糖、木酮糖、核酮糖）
    - 己糖（葡萄糖、半乳糖、甘露糖、果糖）
    - 庚糖（景天庚酮糖）
  - 寡糖
    - 二糖（蔗糖、麦芽糖、乳糖）
    - 三糖（棉子糖）
  - 多糖（以下三种均以葡萄糖为结构单位）
    - 淀粉（由 α-1,4-糖苷键、α-1,6-糖苷键）
    - 糖原（由 α-1,4-糖苷键、α-1，6-糖苷键）
    - 纤维素（由 β-1,4-糖苷键）
  - 黏多糖
    - 透明质酸
    - 硫酸软骨素
    - 肝素
  - 其他多糖
    - 几丁质
    - 胞壁质

上述糖类中又以葡萄糖最为重要，它不仅是代谢的重要产物，而且是人体内糖的运输形式，也是临床上补充人体能源的一种重要物质。生物所需要的能量主要是由 ATP 供给的，而 ATP 类高能物质的形成又有赖于各类物质的分解代谢，特别是葡萄糖的分解代谢。

二、糖的功能

1. 糖是人和动物的主要能源物质

人和动物是异养型的生物，所需的能量主要靠植物，特别是谷类作物光合作用产生的多糖——淀粉提供。1g 葡萄糖在体内完全氧化可产生 17.154kJ 热能，仅为脂肪产能量的一半。但由于食物中糖的占有比例大（一般为固体食物 70%以上），因此，糖是人和动物体的主要供能物质。

2. 糖是生物体的重要组成成分之一

在生物体的许多结构及组成物中都存在着糖。如核酸中含有核糖和脱氧核糖；植物组织中有大量的纤维素；细胞间质和结缔组织中的黏蛋白中有黏多糖；抗体、某些酶及某些激素中的糖蛋白是由已糖转化成的氨基已糖参与构成；由糖与脂类构成的糖脂，是神经组织及细胞膜的组成成分；由糖代谢过程中产生的中间产物可转变为氨基酸等。

第二节 糖的分解代谢

一、糖的无氧分解

糖的无氧分解是在细胞液中进行的。此过程与酵母生醇发酵的过程相似。糖的无氧分解是在哺乳动物细胞中、在不需氧的条件下，以糖原或葡萄糖为底物，经一系列酶的催化作用后，分解为乳酸并释放出少量能量的过程：

$$C_6H_{12}O_6 + 2ADP + 2H_3PO_4 \xrightarrow{\text{酶系(无氧)}} 2CH_3CHOHCOOH + 2ATP + 2H_2O$$

(一) 糖无氧分解的过程

此反应过程可人为地分为 4 个阶段。

1. 第一阶段（磷酸己糖的生成与转变，包括 4 步反应）

在这一阶段的反应中，葡萄糖或相当于一分子葡萄糖的糖原经磷酸化作用后转变为1,6-二磷酸果糖。在这一阶段中，需消耗能量用于糖的磷酸化作用。而且这一阶段没有氧化作用的进行，也没有能量的生成。

(1) 糖原（G_n）或葡萄糖（G）的磷酸化　糖原在磷酸化酶的催化作用下将一个葡萄糖残基水解，并磷酸化为 1-磷酸葡萄糖，而糖原本身则比原来少了一个葡萄糖基。

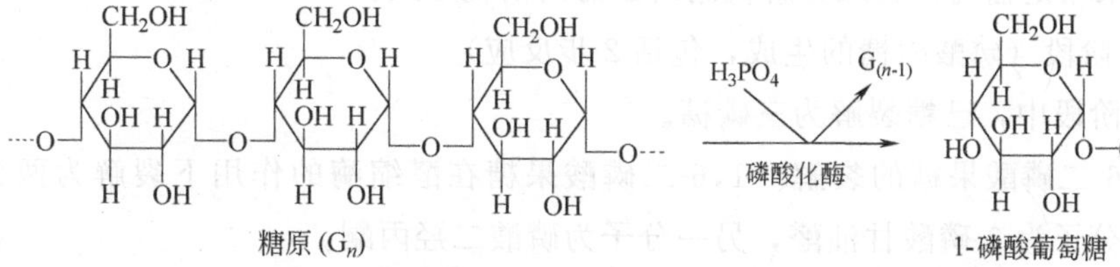

1-磷酸葡萄糖在磷酸葡萄糖变位酶的作用下，转变成为 6-磷酸葡萄糖。

如反应起始物为葡萄糖，则可在 ATP 提供能量及磷酸基团的情况下，由已糖激酶

(此酶为反应的限速酶)催化，葡萄糖磷酸化为6-磷酸葡萄糖。在肝脏，此反应由葡萄糖激酶催化。当葡萄糖浓度高时，此时酶活性高，催化生成6-磷酸葡萄糖，再合成糖原贮存；当葡萄糖浓度低时，此酶活性较低，葡萄糖由血液运输到各组织细胞氧化供应能量。

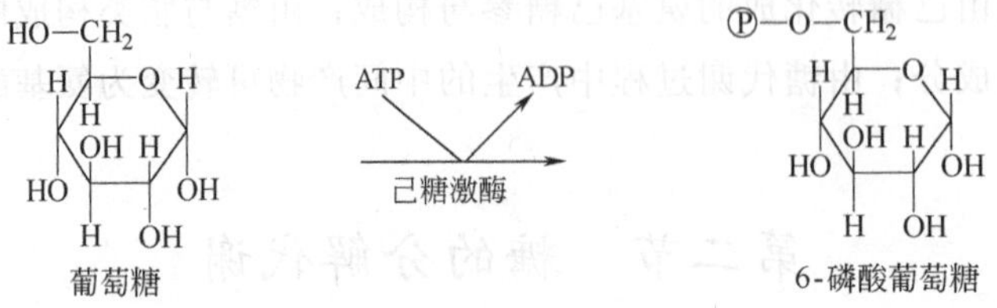

(2) 6-磷酸果糖(F-6-P)的生成　6-磷酸葡萄糖在葡萄糖异构酶的作用下，异构化为6-磷酸果糖。

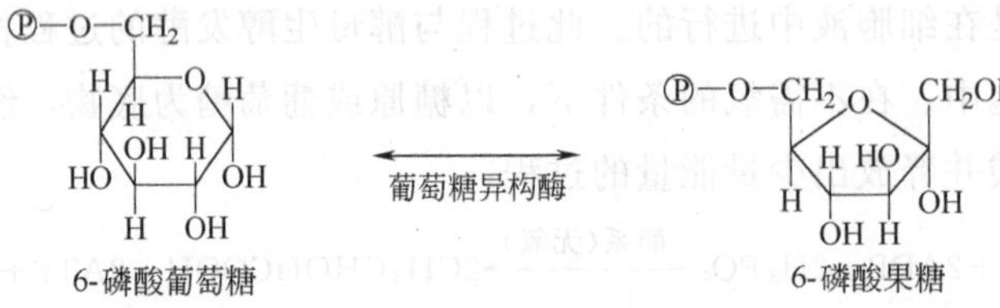

(3) 1,6-二磷酸果糖(F-1,6-2P)的生成　6-磷酸果糖在6-磷酸果糖激酶(此酶为反应的限速酶)的作用下，由ATP提供能量和磷酸基团，磷酸化为1,6-二磷酸果糖。

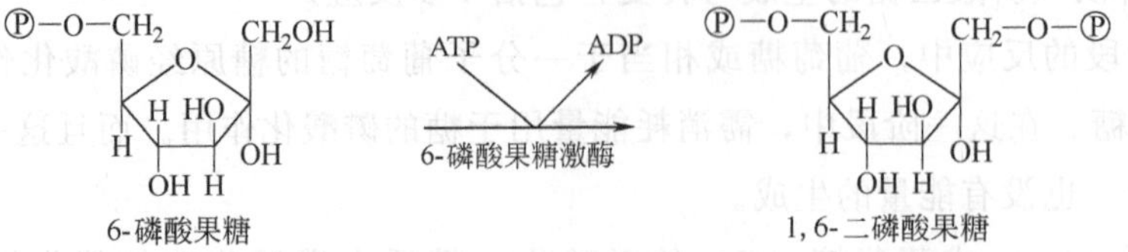

在第一阶段的反应中，通过磷酸化作用使葡萄糖转变为1,6-二磷酸果糖，同时消耗了2分子ATP。一分子糖原的葡萄糖单位转变为1,6-二磷酸果糖则消耗一分子ATP。1,6-二磷酸果糖是葡萄糖进入分解代谢所必需的活化形式。

2. 第二阶段(磷酸丙糖的生成，包括2步反应)

在这一阶段中，已糖裂解为三碳糖。

(1) 1,6-二磷酸果糖的裂解　1,6-二磷酸果糖在醛缩酶的作用下裂解为两分子三碳糖，其中一分子为3-磷酸甘油醛，另一分子为磷酸二羟丙酮。

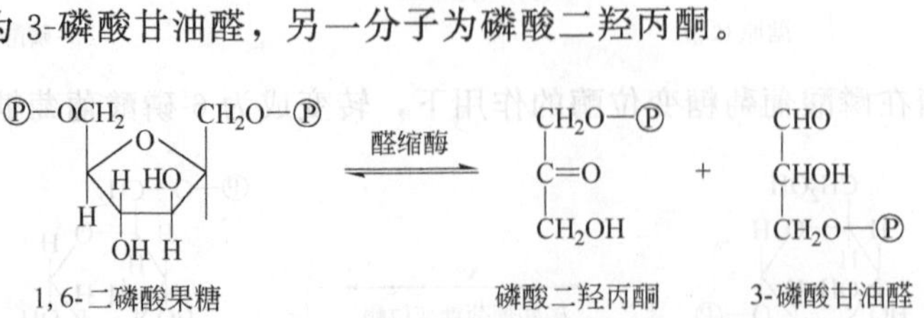

(2) 磷酸丙糖的互变　从上面的反应式中不难发现，3-磷酸甘油醛与磷酸二羟丙酮为同分异构体，因而两者在磷酸丙糖异构酶的作用下是可以互相转变的。但只有3-磷酸甘油醛才能进入糖无氧酵解的第三阶段反应。

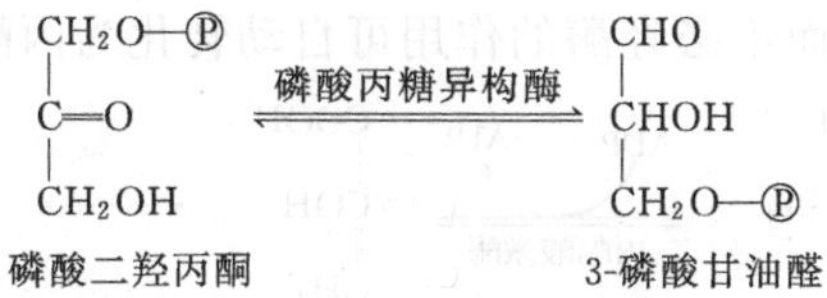

通过上述的反应，将六碳糖转变成了两分子的三碳糖。在这一阶段中，糖并没有进行氧化作用，也没有能量的形成和消耗。

3. 第三阶段（生成丙酮酸，包括 5 步反应）

在这一阶段中，磷酸丙糖在脱氢酶等一系列酶的作用下，进行氧化分解，生成丙酮酸，并释放出一定的能量形成 ATP。

（1）3-磷酸甘油醛的氧化　3-磷酸甘油醛在 3-磷酸甘油醛脱氢酶的作用下，进行氧化脱氢，同时由无机磷酸提供磷酸基团进行磷酸化，转变成为 1,3-二磷酸甘油酸。在氧化脱氢的同时底物进行了分子内部能量的重新排布，使 1,3-二磷酸甘油酸成为含有高能磷酸基团的高能磷酸化合物。

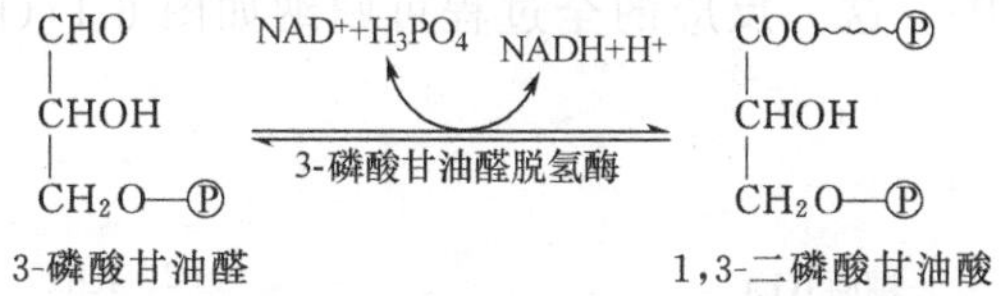

（2）ATP 的生成　由于 1,3-二磷酸甘油酸中含有高能磷酸基团，因而可以在磷酸甘油激酶的作用下，将高能磷酸基团所贮存的能量转移到 ADP 中形成 ATP，同时自身转化为 3-磷酸甘油酸。

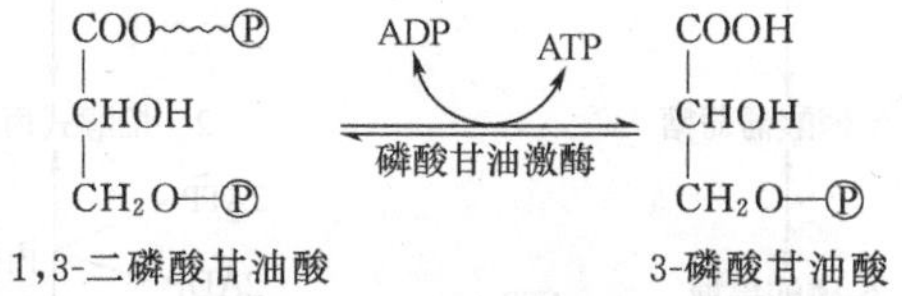

（3）2-磷酸甘油酸的生成　3-磷酸甘油酸在磷酸甘油酸变位酶的作用下，将磷酸基团从 3 位碳原子移到 2 位碳原子，生成 2-磷酸甘油酸。

（4）生成磷酸烯醇式丙酮酸　2-磷酸甘油酸在烯醇化酶的作用下，进行脱水反应，生成磷酸烯醇式丙酮酸。在脱水的同时，底物分子中的能量进行了重新的排布，使在磷酸烯醇式丙酮酸分子中的磷酸基团成为高能磷酸基团。

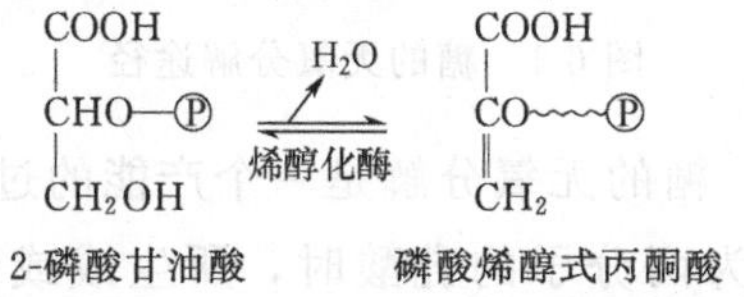

（5）ATP 的再生成　磷酸烯醇式丙酮酸中的高能磷酸基团在丙酮酸激酶（此酶为反应的限速酶）的作用下，转移到 ADP 生成 ATP，并同时转化为烯醇式丙酮酸。由于烯醇

式丙酮酸的结构不稳定，因而不必经酶的作用可自动转化为丙酮酸。

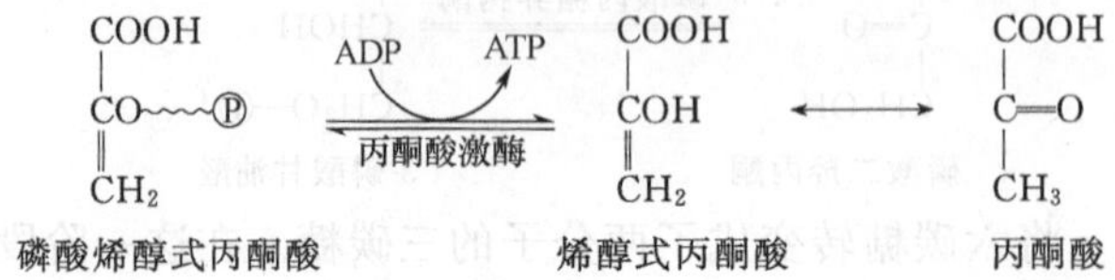

4. 第四阶段（生成乳酸）

在没有 O_2 供应的条件下，丙酮酸不能再进行氧化。它可在乳酸脱氢酶的作用下，接收 3-磷酸甘油醛脱下来的 $2H^+$，还原成为乳酸。

到此为止，糖原中一个葡萄糖单位或葡萄糖分子，已转变成为了两分子的乳酸，并为生物体提供了能量（ATP）。这一反应的全过程可归纳如图 6-1（除关键酶外，催化各反应的酶均不再标示）。

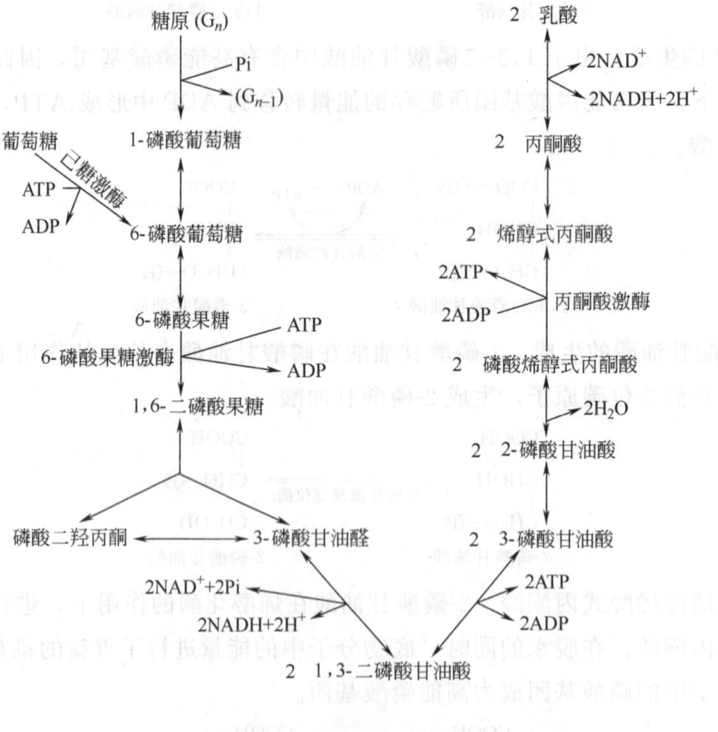

图 6-1 糖的无氧分解途径

从上述反应中不难发现，糖的无氧分解是一个产能的过程。当一分子葡萄糖或糖原分子的一个葡萄糖单位分解为两分子的乳酸时，所生成或消耗的能量（以 ATP 数计）如下所示。

糖原：4ADP $\longrightarrow$ 4ATP(−1ATP)＝3ATP

葡萄糖：4ADP ⟶ 4ATP（－2ATP）＝2ATP

由此可知，糖的无氧分解过程所产生的能量是很有限的。

（二）糖无氧分解的生理意义

糖的无氧分解是生物体普遍存在的供能途径。虽然产生的能量不多，但当机体急需能量，又不能供给足够的氧时，肌肉等一类相对缺氧的组织就会加速糖的无氧分解，以提供给机体能量，应付急用（如剧烈的运动）。因此，糖无氧分解的第一个生理意义是：保证组织在供氧不足的时候，进行需要能量的生命活动。

此外，糖的无氧分解过程还是非糖物质（如氨基酸、甘油等）转化为葡萄糖或糖原的途径（具体见糖异生作用）。因此，糖无氧分解的第二个生理意义是：在许多非糖物质转变为糖的过程中起重要的作用。

（三）酵母生醇发酵

人及动物体糖的无氧分解与酵母生醇发酵的产物虽然不同，但从葡萄糖到丙酮酸的反应是完全一样的。只是自丙酮酸后才有不同的反应过程。在酵母中存在着催化丙酮酸脱羧的酶和催化乙醇脱氢的酶，故生成的丙酮酸能直接脱去羧基成为乙醛，后者接受 NADH ＋H^+ 中的氢，还原成为乙醇。

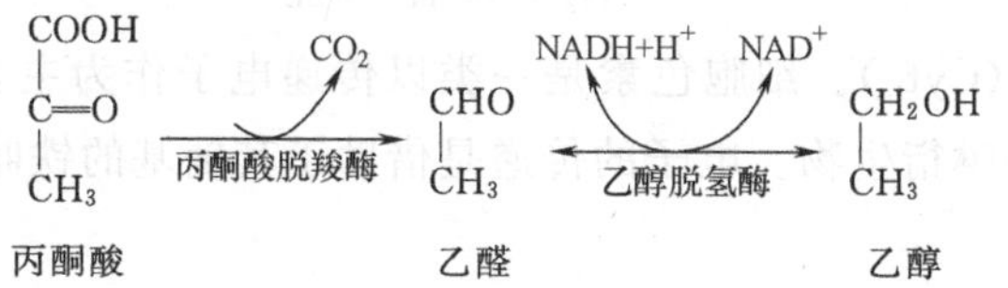

二、糖的有氧氧化

糖的有氧氧化同样是以糖原或葡萄糖作为起始物，在有氧的条件下，经一系列酶的催化作用后，彻底氧化分解为 CO_2 和 H_2O，并为生物体提供大量的能量。

$$C_6H_{12}O_6 + 6O_2 \longrightarrow 6CO_2 + 6H_2O + 38ATP$$

（一）糖的有氧氧化过程中 ATP 的生成

生物在氧化过程中脱下的氢，一般不是直接与氧结合生成水，而是通过呼吸链的传递作用后再与氧结合生成水。在这过程中所释放的能量大部分用于 ATP 的生成。

1. 呼吸链

（1）呼吸链的概念　呼吸链，又称电子传递系统，是一类存在于线粒体的生物氧化还原物质，并顺序地起传递电子或质子的作用。

（2）呼吸链的类型及其组成　存在于线粒体中的呼吸链主要有 NADH 呼吸链和 FAD 呼吸链两类，它们的主要组成成分及排列顺序为：

底物→NAD^+→FMN→CoQ→Cyt. b→Cyt. c_1→Cyt. c→Cyt. (a. a_3)→1/2O_2

琥珀酸⟶FAD ↗（至 CoQ）

呼吸链中各主要组成成分的作用为传递氢或电子，具体作用如下。

① NAD^+（$NADP^+$）。脱氢酶的辅酶，其结构中含维生素 PP。NAD^+ 或 $NADP^+$ 在脱氢酶催化底物脱氢时可直接接受底物脱下的氢，使自身变为还原型（NADH 或 NAD-

PH)，并可将氢进一步传递给黄素蛋白酶，使其本身又变为氧化型，从而起到递氢体的作用。

$$AH_2+NAD^+ \longrightarrow A+NADH+H^+$$

$$NADH+H^+ +FMN \longrightarrow NAD^+ +FMNH_2$$

② FAD和FMN。黄素蛋白的辅基，其结构中含有维生素 B_2。FMN（黄素单核苷酸）是NADH脱氢酶的辅基、FAD（黄素腺嘌呤二核苷酸）是琥珀酸脱氢酶的辅基，可以接受由还原型NADH或琥珀酸脱下的氢，使本身成为还原型，同时又可将氢传递给CoQ，使本身成为氧化型，而起到递氢体的作用。

$$NADH+H^+ +FMN \longrightarrow NAD^+ +FMNH_2$$

$$FMNH_2+CoQ \longrightarrow FMN+CoQH_2$$

③ CoQ（泛醌）。CoQ是一种脂溶性的醌类化合物，是具有4个取代基的苯醌，因广泛存在于生物界，故又称泛醌。CoQ能接受黄素蛋白传递来的氢，自身被还原为氢醌；同时，CoQ还能将氢分成质子和电子两部分，然后将质子游离于环境中，将电子递给细胞色素体系，自已被氧化为醌。

$$FMNH_2+CoQ \longrightarrow FMN+CoQH_2$$

$$H_2 \longrightarrow 2H^+ +2e$$

④ 细胞色素体系（Cyt.）。细胞色素是一类以传递电子作为主要生物功能的色蛋白。其色素辅基是含铁的卟啉衍生物。电子的传递是借助于其辅基的铁卟啉环上铁化合价的改变来实现的。

$$\text{细胞色素}（Fe^{3+}）+e \longleftrightarrow \text{细胞色素}（Fe^{2+}）$$

目前已发现的细胞色素有30多种，从高等动物的线粒体内膜上至少分离出5种：细胞色素a、细胞色素 a_3、细胞色素b、细胞色素c、细胞色素 c_1。此外在其他的细胞器中也有细胞色素的存在。

存在于呼吸链的5种细胞色素中，细胞色素c最易分离、提纯；而细胞色素a、细胞色素 a_3 则到目前为止仍不能分离开，故称为细胞色素（$a \cdot a_3$），或合称为细胞色素氧化酶，它们能将电子直接传递给氧（即能被氧直接氧化）。

细胞色素只是接受CoQ传递来的电子，而将质子（H^+）游离于环境中，并通过各细胞色素中铁的化合价的变化，依次将电子传递下去，直到最后传递给氧原子，使氧原子还原成为离子状态。离子状态的氧具有较大的活性，可与游离在环境中的质子（H^+）结合成水。

2. 通过呼吸链传递作用生成的能量（ATP）

实验证明，在呼吸链对氢的传递过程中，由 $NAD^+ \rightarrow CoQ$、$CoQ \rightarrow Cyt.\ c$、$Cyt.\ c \rightarrow O_2$ 3个阶段的电子传递过程中有较大的氧化还原电位差，所释放的自由能也较多，可供给ADP磷酸化形成ATP。

底物→FAD（→CoQ）

底物→NAD→FMN→CoQ→Cyt. b→Cyt. c_1→Cyt. c→Cyt. (a. a_3)→O_2

（NAD→CoQ）ADP→ATP　（CoQ→Cyt. c）ADP→ATP　（Cyt. c→O_2）ADP→ATP

从上述反应式可知：当底物脱下的氢是经NADH呼吸链传递氧化时，每对氢氧化所释放的能量可供 3ADP 转化为 3ATP，也即生成 3 分子 ATP；而当底物脱下的氢是经 FAD 呼吸链传递氧化时，则由于这种类型的呼吸链较短，而使每对氢氧化所释放的能量仅可供 2ADP 转化为 2ATP，也即生成 2 分子 ATP。

（二）糖有氧氧化的途径

这一反应过程可人为地分为 3 个阶段。

1. 第一阶段（糖被氧化为丙酮酸）

$$C_6H_{12}O_6\text{（或糖原）}\longrightarrow 2CH_3COCOOH\text{（丙酮酸）}$$

这一过程是在细胞液中进行的。这一反应过程与糖的无氧分解是相同的，只是在有氧的情况下，丙酮酸不再被 3-磷酸甘油醛脱下的氢还原为乳酸，而是进入线粒体后通过一系列酶的催化作用进一步氧化分解，并放出大量的能量。3-磷酸甘油醛脱下的氢由于不再被丙酮酸所利用，则通过两种穿梭方式（3-磷酸甘油穿梭和苹果酸-天冬氨酸穿梭）进入线粒体，通过呼吸链的传递，交给氧生成水，并产生能量。若以 3-磷酸甘油方式穿梭进入，则最终可生成 2 分子 ATP；若以苹果酸-天冬氨酸穿梭进入，则最终生成 3 分子 ATP。

2. 第二阶段（丙酮酸氧化脱羧生成乙酰 CoA）

这是一个丙酮酸氧化脱羧的作用过程，这一过程在线粒体内进行。

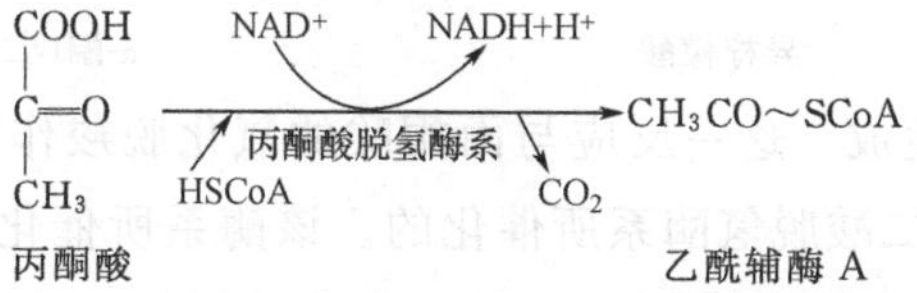

丙酮酸进入线粒体后，在丙酮酸脱氢酶系的催化下进行 α-氧化脱羧反应，同时与 HSCoA 结合成为乙酰 CoA，这是一个复杂的、不可逆的反应。丙酮酸脱氢酶系是由丙酮酸脱羧酶、二氢硫辛酰转乙酰基酶、二氢硫辛酰脱氢酶 3 个酶紧密结合组成的多酶复合体。复合体有 5 种含维生素组分的辅助因子，即 TPP、FAD、NAD^+、HSCoA 和硫辛酸。丙酮酸脱下的氢由 NAD^+ 接收，经呼吸链传递给氧生成水的同时可生成 3 分子 ATP。

乙酰 CoA 为高能化合物，由丙酮酸脱羧、脱氢过程中的分子内能量重排形成。此后，糖的有氧分解就进入第三阶段。

3. 第三阶段（三羧酸循环——柠檬酸循环）

这一反应过程也是在线粒体进行的，是糖最终氧化为 H_2O 和 CO_2 的过程，也是脂肪、蛋白质等彻底氧化的惟一途径，并伴有大量的能量产生。

三羧酸循环以乙酰 CoA 与草酰乙酸合成为柠檬酸开始，经一系列反应后，乙酰 CoA 中的乙酰基团被消耗，草酰乙酸又重新生成，从而形成一个循环。在这个循环中，含有 3 个羧基的酸（如柠檬酸）占有重要的地位，故名“三羧酸循环”；而柠檬酸又是此循环中的第一个生成物，故也称为“柠檬酸循环”。

（1）柠檬酸的生成　柠檬酸合成酶是三羧酸循环过程的限速酶，其活性受 ATP 浓度的调控。ATP 浓度高时，其活性低。在此酶的作用下，乙酰 CoA 中的乙酰基团转移到草酰乙酸上，形成柠檬酸。

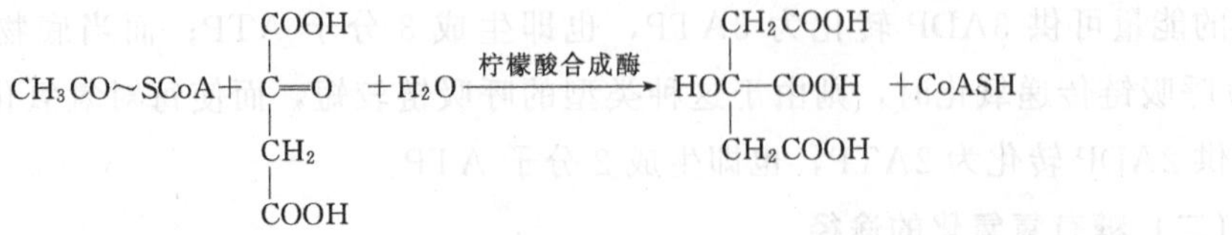

乙酰辅酶 A　草酰乙酸　柠檬酸

（2）异柠檬酸的生成　柠檬酸在顺乌头酸酶的作用下，首先进行脱水反应，产生顺乌头酸；然后在顺乌头酸酶的再次作用下加水生成异柠檬酸。

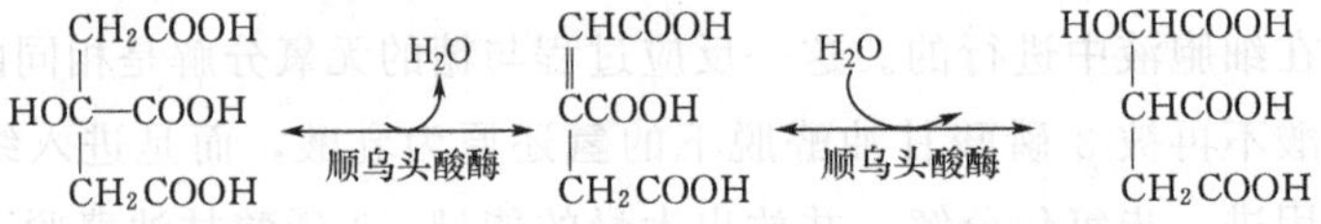

柠檬酸　顺乌头酸　异柠檬酸

（3）α-酮戊二酸的生成　异柠檬酸在异柠檬酸脱氢酶的作用下分别脱氢、脱羧生成α-酮戊二酸。

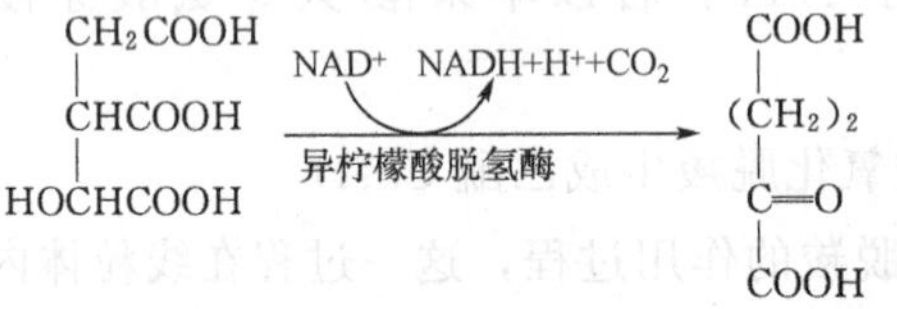

异柠檬酸　α-酮戊二酸

（4）琥珀酰 CoA 的生成　这一反应与丙酮酸的氧化脱羧作用相似，是由多种酶构成的多酶复合体——α-酮戊二酸脱氢酶系所催化的。该酶系所催化的是不可逆反应，α-酮戊二酸在其作用下，进行α-氧化脱羧作用，生成琥珀酰 CoA。在此过程中，能量在分子内部进行了重新的排布，使琥珀酰 CoA 中含有高能硫酯基团。

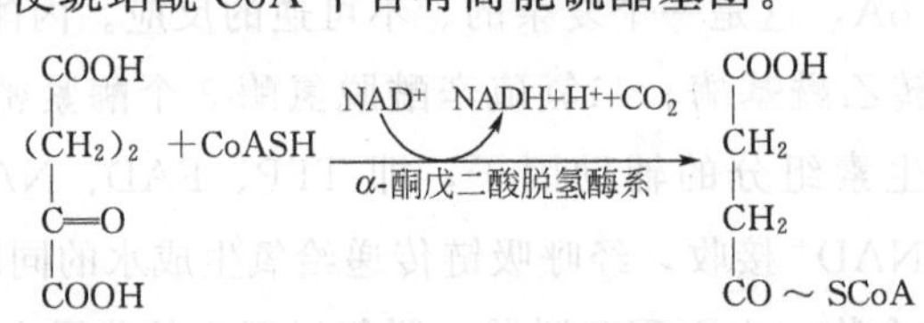

α-酮戊二酸　琥珀酰 CoA

（5）琥珀酸的生成　琥珀酰 CoA 中的高能硫酯基团所贮存的能量在琥珀酸硫激酶的作用下分解，并将其中的能量转移到 GDP，使 GDP 磷酸化为 GTP。贮存于 GTP 中的能量又可进一步转移到 ADP，使 ADP 磷酸化为 ATP。

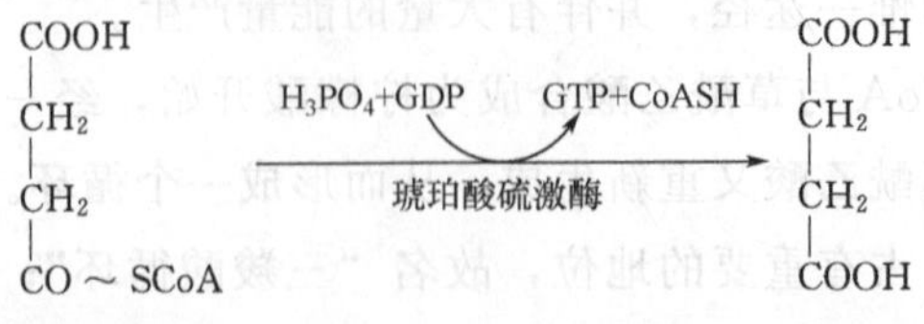

琥珀酰 CoA　琥珀酸

（6）延胡索酸的生成　琥珀酸在琥珀酸脱氢酶的作用下进行脱氢反应，生成延胡索酸（反丁烯二酸）。琥珀酸脱氢酶为黄素蛋白酶，其辅基为 FAD。此酶具有几何异构专一性，只能使琥珀酸脱氢转化为反丁烯二酸，而不能是顺丁烯二酸。

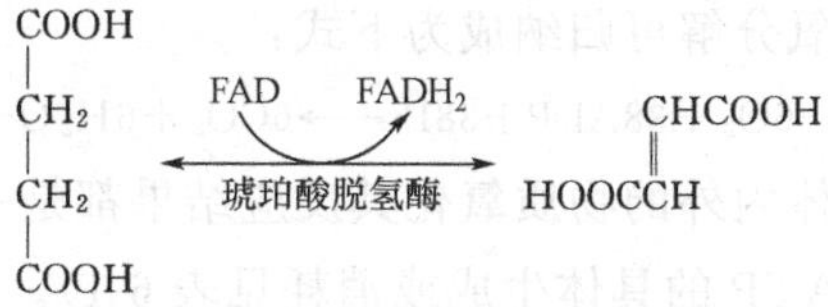

$$\begin{array}{c}\text{COOH}\\|\\\text{CH}_2\\|\\\text{CH}_2\\|\\\text{COOH}\end{array}\quad\xrightleftharpoons[\text{琥珀酸脱氢酶}]{\text{FAD}\quad\text{FADH}_2}\quad\begin{array}{c}\text{CHCOOH}\\\|\\\text{HOOCCH}\end{array}$$

琥珀酸   延胡索酸

（7）苹果酸的生成　延胡索酸在延胡索酸酶的作用下加水，生成 L-苹果酸。

$$\begin{array}{c}\text{CHCOOH}\\\|\\\text{HOOCCH}\end{array}\quad+\text{H}_2\text{O}\quad\xrightleftharpoons{\text{延胡索酸酶}}\quad\begin{array}{c}\text{COOH}\\|\\\text{CHOH}\\|\\\text{CH}_2\\|\\\text{COOH}\end{array}$$

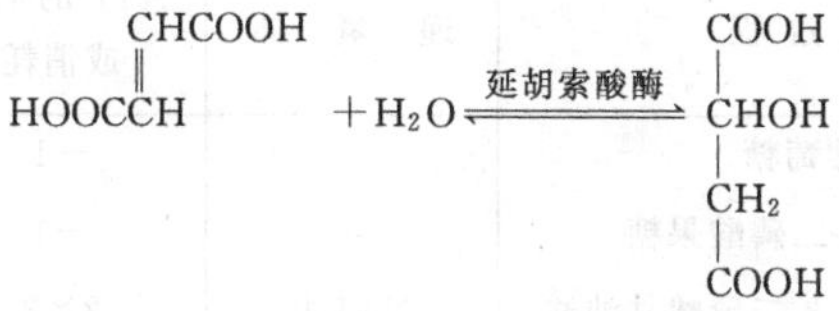

延胡索酸   L-苹果酸

（8）草酰乙酸的再生成　苹果酸在苹果酸脱氢酶的作用下脱氢，并重新生成草酰乙酸。草酰乙酸可重新投入三羧酸循环。

$$\begin{array}{c}\text{COOH}\\|\\\text{CHOH}\\|\\\text{CH}_2\\|\\\text{COOH}\end{array}\quad\xrightleftharpoons[\text{苹果酸脱氢酶}]{\text{NAD}^+\quad\text{NADH}+\text{H}^+}\quad\begin{array}{c}\text{COOH}\\|\\\text{C}=\text{O}\\|\\\text{CH}_2\\|\\\text{COOH}\end{array}$$

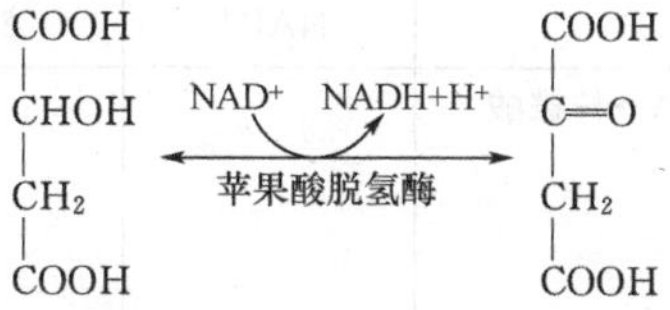

L-苹果酸   草酰乙酸

每一次的三羧酸循环，脱氢 4 次，消耗一个由丙酮酸生成的活化乙酰基团，产生 12 个 ATP，其中 11 个 ATP 是经过呼吸链的传递作用生成的。

经上述 3 个阶段的反应，葡萄糖或糖原中的葡萄糖基已被彻底氧化。葡萄糖的有氧氧化过程可归纳如图 6-2。

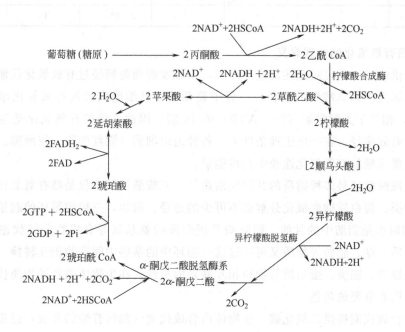

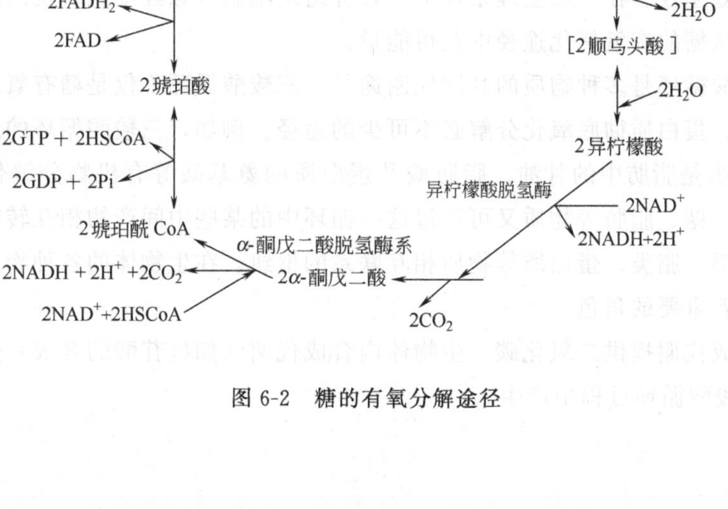

图 6-2　糖的有氧分解途径

综上所述，葡萄糖的有氧分解可归纳成为下式：

$$C_6H_{12}O_6+6O_2+38ADP+38Pi \longrightarrow 6CO_2+6H_2O+38ATP$$

上述反应式表明，生物体内外的物质氧化其反应结果都是一样的，只是反应的过程及条件不一样（CO_2、H_2O、ATP 的具体生成或消耗见表 6-1）。

表 6-1 葡萄糖有氧氧化过程中 CO_2、H_2O、ATP 的生成或消耗

反应所在阶段	反应过程	递氢体	ATP 的生成或消耗	H_2O 的生成或消耗	CO_2 的消耗
第一阶段	葡萄糖→6-磷酸葡萄糖		−1		
	6-磷酸果糖→1,6-二磷酸果糖		−1		
	3-磷酸甘油醛→1,3-二磷酸甘油酸	NAD^+	2×3	2	
	1,3-二磷酸甘油酸→3-磷酸甘油酸		2		
	3-磷酸甘油酸→磷酸烯醇式丙酮酸			2	
	磷酸烯醇式丙酮酸→烯醇式丙酮酸		2		
第二阶段	丙酮酸→乙酰辅酶 A	NAD^+	2×3	2	−2
第三阶段（三羧酸循环）	草酰乙酸＋乙酰辅酶 A→柠檬酸			−2	
	柠檬酸→顺乌头酸			2	
	顺乌头酸→异柠檬酸			−2	
	异柠檬酸→α-酮戊二酸	NAD^+	2×3	2	−2
	α-酮戊二酸→琥珀酰辅酶 A	NAD^+	2×3	2	−2
	琥珀酰辅酶 A→琥珀酸		2		
	琥珀酸→延胡索酸	FAD	2×2	2	
	延胡索酸→苹果酸			−2	
	苹果酸→草酰乙酸	NAD^+	2×3	2	
合计			38	10	−6

（三）糖有氧氧化的生理意义

（1）提供能量　通过对上述反应的分析，不难发现葡萄糖经过有氧氧化代谢途径所产生的能量远远大于无氧酵解的途径。一分子葡萄糖在肝细胞内通过有氧氧化途径可产生 38 个 ATP，相当于无氧酵解（2 个 ATP）的 19 倍。因此，糖的有氧氧化是生物体获取能量的一个有效途径。在一般生理条件下，各种组织细胞（除红细胞、视网膜、睾丸等组织外）皆主要从糖的有氧氧化途径中获得能量。

（2）三羧酸循环是多种物质的共同代谢途径　三羧酸循环不仅是糖有氧氧化的重要途径，也是脂类、蛋白质彻底氧化分解必不可少的途径。例如，三羧酸循环的起始物——乙酰 CoA，同时也是脂肪中的甘油、脂肪酸及蛋白质的氨基酸等有机物分解代谢的中间产物，而蛋白质、糖、脂肪等物质又可通过这一循环中的某些中间产物相互转换。因而三羧酸循环还是糖类、脂类、蛋白质等物质相互联系的枢纽。在生物体的各种物质代谢中，三羧酸循环扮演着重要的角色。

（3）为合成代谢提供二氧化碳　生物体内合成代谢（如核苷酸的合成）过程中所需的 CO_2，可在三羧酸循环过程中产生。

三、磷酸戊糖途径

磷酸戊糖途径是一个需氧的反应过程。由于此途径是以磷酸己糖为起始物的，所以又称为磷酸己糖氧化支路。而戊糖又是此反应过程中一个重要的中间产物，所以也称为磷酸戊糖通路。许多组织的细胞液中，尤其是合成代谢旺盛的组织细胞，都有此途径。

(一) 磷酸戊糖途径的过程

在此途径中，6-磷酸葡萄糖为反应的起始物。其首先被转化为磷酸戊糖，再经一系列的移换反应转变为三碳、四碳、五碳、七碳的磷酸单糖。最后，有部分的6-磷酸葡萄糖被氧化分解，也有部分重新形成。磷酸戊糖途径的化学过程包括七步反应。

1. 6-磷酸葡萄糖氧化成6-磷酸葡萄糖酸

$$\text{6-磷酸葡萄糖}\xrightarrow[\text{6-磷酸葡萄糖脱氢酶}]{NADP^+ \quad NADPH+H^+}\text{6-磷酸葡萄糖酸内酯}\xrightarrow[\text{内酯酶}]{H_2O}\text{6-磷酸葡萄糖酸}$$

6-磷酸葡萄糖在6-磷酸葡萄糖脱氢酶及内酯酶的作用下，脱氢、加水生成6-磷酸葡萄糖酸。

2. 6-磷酸葡萄糖酸脱氢、脱羧生成5-磷酸核酮糖

6-磷酸葡萄糖酸在6-磷酸葡萄糖酸脱氢酶的作用下，氧化脱羧生成5-磷酸核酮糖。

$$\text{6-磷酸葡萄糖酸}\xrightarrow[\text{6-磷酸葡萄糖酸脱氢酶}]{NADP^+ \quad NADPH+H^++CO_2}\text{5-磷酸核酮糖}$$

3. 磷酸戊糖的互变

5-磷酸核酮糖在异构酶及差向异构酶的作用下，分别转化为5-磷酸核糖及5-磷酸木酮糖。

$$\text{5-磷酸核糖}\xleftarrow[\text{磷酸戊糖异构酶}]{}\text{5-磷酸核酮糖}\xrightarrow[\text{磷酸核酮糖差向异构酶}]{}\text{5-磷酸木酮糖}$$

4. 5-磷酸木酮糖与5-磷酸核糖进行转酮基反应

5-磷酸木酮糖在转酮基酶的作用下，将含有酮基的二碳基团转移到5-磷酸核糖，生成7-磷酸景天庚酮糖和3-磷酸甘油醛。

$$\text{5-磷酸木酮糖}+\text{5-磷酸核糖}\xrightarrow[\text{转酮基酶}]{}\text{7-磷酸景天庚酮糖}+\text{3-磷酸甘油醛}$$

5. 7-磷酸景天庚酮糖和3-磷酸甘油醛进行转醛醇基反应

在转二羟丙酮基酶的作用下，7-磷酸景天庚酮糖的含有二羟丙酮基的三碳基团转移到3-磷酸甘油醛，生成4-磷酸赤藓糖及6-磷酸果糖。

$$\text{7-磷酸景天庚酮糖}+\text{3-磷酸甘油醛}\xrightarrow[\text{转二羟丙酮基酶}]{}\text{4-磷酸赤藓糖}+\text{6-磷酸果糖}$$

6. 5-磷酸木酮糖与4-磷酸赤藓糖进行转酮基反应

在转酮基酶的作用下，5-磷酸木酮糖将带有酮基的二碳基团转移到4-磷酸赤藓糖，生

成 3-磷甘油醛及 6-磷酸果糖。

$$\text{5-磷酸木酮糖} + \text{4-磷酸赤藓糖} \xrightarrow[\text{转酮基酶}]{} \text{3-磷酸甘油醛} + \text{6-磷酸果糖}$$

7. 6-磷酸果糖异构化生成 6-磷酸葡萄糖

在磷酸己糖异构酶的作用下，6-磷酸果糖可以重新转变成为 6-磷酸葡萄糖。此外，2 分子 3-磷酸甘油醛也可经糖异生途径重新合成为 6-磷酸葡萄糖。

$$\text{6-磷酸果糖} \xrightarrow[\text{磷酸己糖异构酶}]{} \text{6-磷酸葡萄糖}$$

磷酸戊糖途径的反应可归纳如图 6-3。

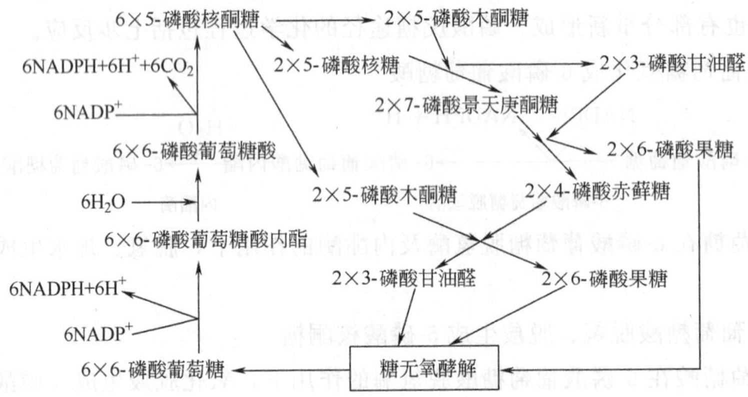

图 6-3 磷酸戊糖途径

综上所述，6-磷酸葡萄糖经磷酸戊糖途径进行分解可表达如下式：

$$6\times G\text{-}6\text{-}P + 12NADP^+ + 7H_2O \longrightarrow 5\times G\text{-}6\text{-}P + 12NADPH + 12H^+ + 6CO_2 + H_3PO_4$$

(二) 磷酸戊糖途径的生理意义

磷酸戊糖途径脱氢酶的辅酶为 $NADP^+$，在这一反应过程中可产生 NADPH；同时在这一途径中还将六碳糖变成了五碳糖。因而磷酸戊糖途径的生理意义在于如下两点。

(1) 产生 NADPH ①作为生物合成的供氢体；②是谷胱甘肽还原酶的辅酶；③参与肝脏的生物转化。

磷酸戊糖途径是生物体内产生 NADPH 的主要途径。在生物合成代谢过程中需的还原剂主要由 NADPH 提供，如脂类的合成代谢。生物体内谷胱甘肽的生物合成也需 NADPH 的参与。它是谷胱甘肽还原酶的辅酶。在肝脏的生物转化中（如药物的代谢转化），往往也是以 NADPH 作为供氢体。

(2) 能使己糖和戊糖互变 为核苷酸类物质的生物合成提供了原料，又为戊糖的分解代谢提供了路线。

磷酸戊糖途径为磷酸葡萄糖和磷酸核糖的相互转变提供了路线。磷酸葡萄糖可通过此途径转化为磷酸核糖，用于核苷酸类物质的合成代谢；同时磷酸戊糖也可以转化为磷酸葡萄糖，为核酸类物质的分解代谢提供了途径。

第三节 糖原合成与分解

糖原的合成与分解是相反的两个过程。这两个过程的起始物及终产物正好相反，都有6-磷酸葡萄糖和1-磷酸葡萄糖两个中间产物，但是由不同的酶系催化。

一、糖原的合成

利用葡萄糖合成糖原的过程，称为糖原合成。

当人或动物体内的游离葡萄糖较多时，可通过糖原合成作用，将葡萄糖转化为糖原贮存于肌肉或肝脏中。贮存于肌肉的称为肌糖原，贮存于肝脏的称为肝糖原。肌糖原一般用作糖的无氧分解原料，而肝糖原通过氧化分解供能外，还可用于维持血液中葡萄糖的浓度。

糖原的合成过程见图6-4。尿苷二磷酸葡萄糖（UDPG）是葡萄糖用于糖原合成的活化形式。葡萄糖首先经过磷酸化作用产生1-磷酸葡萄糖；然后在尿苷二磷酸葡萄糖焦磷酸化酶的作用下，将葡萄糖基转移到尿苷三磷酸，形成尿苷二磷酸葡萄糖；最后，在糖原合成酶的作用下，将尿苷二磷酸葡萄糖上的葡萄糖基转移到糖原引物上，使糖原分子得以加大。但在糖原合成酶的作用下，葡萄糖基只能以α-1,4糖苷键连接于原有糖原的非还原端，并可同时在糖原引物的几个分支上增加葡萄糖基。要合成糖原分子中新的支链，必须在分支酶的作用下使α-1,4-糖苷键转化为α-1,6-糖苷键。

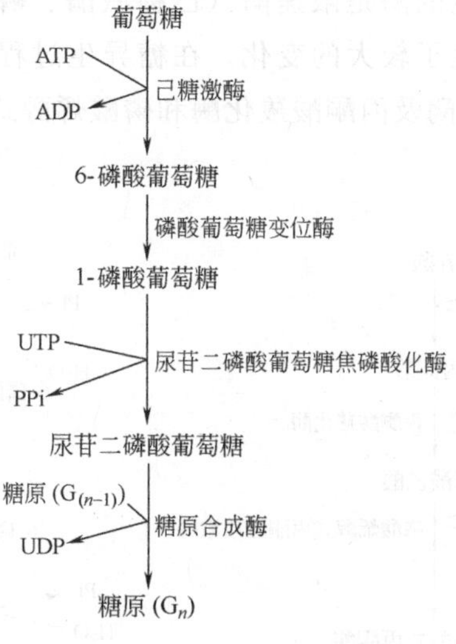

图6-4 糖原的合成过程

UTP可由UDP通过与ATP进行高能磷酸基团的移换作用生成。所以说，糖原的合成作用是一个耗能反应，每增加一个葡萄糖残基，就需要消耗2ATP。

糖原除了可由葡萄糖合成外，还可由其他的单糖或非糖物质合成。

二、糖原的分解

糖原分解为葡萄糖的过程称为糖原分解作用。

贮存于肝脏的肝糖原，可在酶的作用下，分解为葡萄糖，进入血液，成为血糖，用于维持血糖浓度的稳定。糖原的分解首先在磷酸化酶的作用下将糖原分子中的一个葡萄糖残基水解并进行磷酸化，生成1-磷酸葡萄糖；再通过磷酸基的转移作用，生成6-磷酸葡萄糖；最后，经6-磷酸葡萄糖酶作用水解释放出磷酸基，生成葡萄糖。具体反应见图6-5。

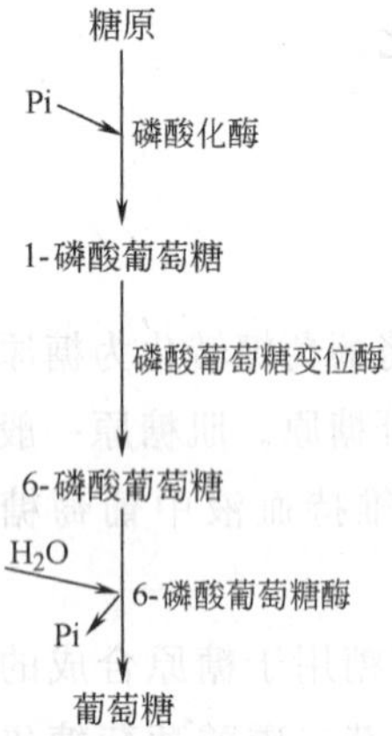

图6-5 糖原分解途径

肌糖原在肌肉中因缺乏6-磷酸葡萄糖酶，故不能直接分解为葡萄糖进入血液成为血糖的一部分，只能用于糖的无氧酵解，产生乳酸。

三、糖异生作用

非糖物质转变为葡萄糖或糖原的过程，称为糖异生作用。

糖异生作用主要是在肝脏进行的，约占糖异生总量的90%；在肾脏也可进行糖的异生作用，但仅占糖异生总量的10%。能通过糖的异生作用转变为糖的非糖物质主要有乳酸、甘油及生糖氨基酸。

1. 糖异生作用的反应途径

糖异生作用基本上是逆糖无氧酵解过程进行的。但在糖无氧酵解途径中的三步反应是不可逆的：葡萄糖→6-磷酸葡萄糖、6-磷酸果糖→1,6-二磷酸果糖、磷酸烯醇式丙酮酸→丙酮酸。因为催化这三步反应的酶是限速酶（已糖激酶、磷酸果糖激酶、丙酮酸激酶）。在这三步反应中，能量都发生了较大的变化。在糖异生过程中，这三步反应将分别通过6-磷酸葡萄糖酶、二磷酸果糖酶及丙酮酸羧化酶和磷酸烯醇式丙酮酸羧激酶所催化的旁路所代替。具体反应见图6-6。

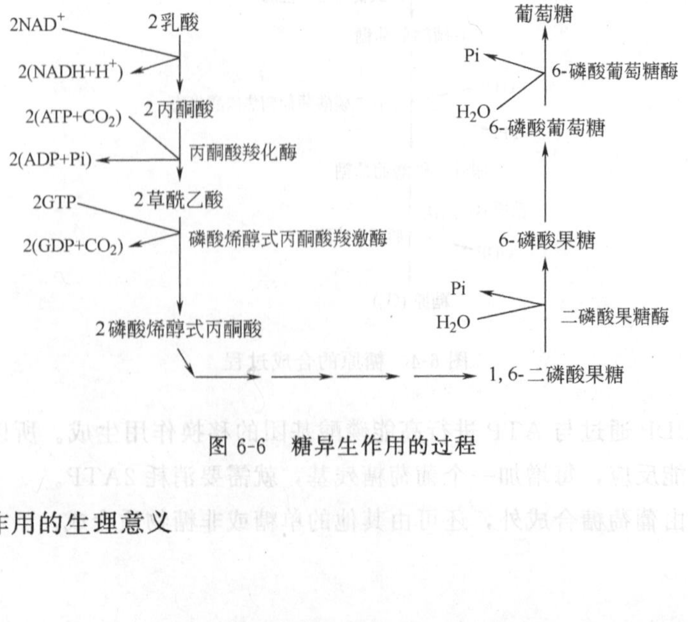

图6-6 糖异生作用的过程

2. 糖异生作用的生理意义

① 在饥饿的时候，保证血糖浓度的相对恒定。空腹的时候，为了维持各器官的正常运转，仍需消耗葡萄糖，以产生能量。在这种情况下，为了使血糖的浓度维持在一定水平上，人和动物体往往会利用乳酸、甘油、氨基酸等物质转化葡萄糖，并进入血液成为血糖的一部分。

② 有利于乳酸、甘油、氨基酸的代谢。贮存于肌肉的肌糖原不能直接分解成为葡萄糖而成为血糖的成分，但可通过糖无氧分解产生大量乳酸，这些乳酸除部分随尿排出外，大部分可经血液运到肝脏，通过糖异生作用合成肝糖原或葡萄糖补充血糖。所以糖异生作用对乳酸的再利用、肝糖原的更新、补充肌肉消耗的糖以及防止乳酸中毒等均有一定的意义。

此外，糖异生作用也为甘油、部分氨基酸的代谢提供了途径。

第四节 血糖及血糖的调节

一、血糖的来源和去路

血糖主要是指血液中的葡萄糖。

糖是通过血液进行运输的，血糖是糖在体内的一种运输形式。正常情况下，糖的分解代谢和合成代谢是处于动态平衡状态中的，血糖浓度也相对恒定。正常人在空腹时血糖的含量一般为3.89～6.11mmol/L（葡萄糖氧化酶电极速率法测定）。血糖浓度之所以能维持相对恒定，是血液中葡萄糖的来源和去路这一矛盾在神经系统和激素调节下实现的相对平衡状态。

1. 血糖的来源

血糖的来源有3条途径。

（1）经食物中糖类物质的消化、吸收　人类日常食物中含量最多的是糖类物质中的淀粉。淀粉经一系列的消化作用后降解为葡萄糖，经小肠吸收作用后成为进食后血糖的主要来源。

（2）肝糖原的分解　在空腹时，肝脏所贮存的肝糖原成为血糖的主要来源。肝糖原可以在酶的作用下进行分解代谢，产生葡萄糖。葡萄糖进入血液成为血糖的成分。

（3）非糖物质经糖异生作用转化　在饥饿时，除可从肝糖原分解中获得葡萄糖外，还可以通过将乳酸、氨基酸、甘油等非糖物质转化为葡萄糖，进入血液成为血糖的成分。这一点在饥饿，同时肝糖原的贮存量又相对减少的时候，作用更为明显。

2. 血糖的去路

血糖在正常的生理状态下也有3条去路。此外，当血糖浓度高于正常值一定水平的时候还有一条不正常的去路。

（1）氧化分解为CO_2和H_2O，为生物体提供能量　这是血糖的主要去路。在正常的生理状态下，血液中的葡萄糖主要用于各器官的氧化分解，并从中获取能量。

（2）用于合成糖原　当进食后，由于血糖浓度相对较高，此时有一部分的血糖可通过糖原合成作用而合成糖原，并在肝脏、肌肉等组织贮存起来。贮存于肝脏的称为肝糖原，贮存于肌肉的则称为肌糖原。

(3) 转变为非糖物质或其他单糖 血糖中的部分葡萄糖也可在某些组织器官中转化为非糖物质或其他单糖。如在脂肪组织中可转变为脂肪、经磷酸戊糖途径可转变为核糖等。

上述 3 条是血糖在生理状态正常时的去路。

(4) 随尿排出 在血糖浓度过高（＞8.33mmol/L），超出了肾脏的重吸收能力时，血液中的糖将会随尿排出体外。

血糖的来源和去路可概括如图 6-7。

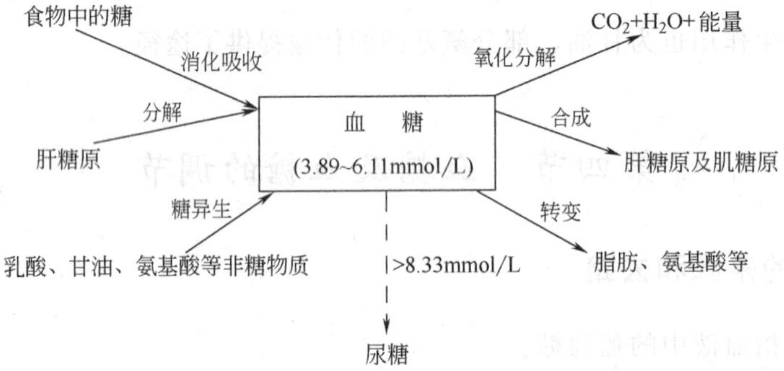

图 6-7 血糖的来源和去路

二、激素对血糖的调节

血糖浓度的相对恒定有赖于多种因素的协调作用，其中激素的调节作用是十分明显的。参与血糖浓度调节的激素主要有肾上腺素、去甲肾上腺素、胰高血糖素、生长素、糖皮质激素和胰岛素等 6 种。

1. 胰岛素

胰岛素是一种由 51 个氨基酸构成的两条多肽链组成的蛋白质，由胰腺中胰岛 β-细胞所产生。

胰岛素的主要功能为调节糖的代谢，能抑制肝糖原分解，促进肝糖原和肌糖原合成，并提高组织摄取葡萄糖的能力，因而是能使血糖浓度降低的激素，也是人体内惟一能降低血糖的激素。分泌不足时，组织中糖的利用发生障碍，肝糖原分解加速，血糖升高，糖由尿排出，形成尿糖。此外，胰岛素还有抑制脂肪、蛋白质和核酸合成等多种作用。

2. 胰高血糖素

胰高血糖素是一种由 29 个氨基酸组成的多肽，由胰腺中胰岛的 α-细胞所产生。

胰高血糖素作用与胰岛素相反，能促进肝糖原的分解及糖异生作用，抑制糖酵解等以升高血糖，并促进脂肪的分解及组织蛋白含量的降低。

3. 肾上腺素与去甲肾上腺素

肾上腺素和去甲肾上腺素均为酪氨酸的衍生物，由肾上腺的髓质所产生。

肾上腺素和去甲肾上腺素均能促进分解代谢，尤其是促进肝糖原的分解，可使血糖浓度迅速升高。

4. 糖皮质激素

糖皮质激素为甾醇类激素，主要有皮质醇、皮质酮和可的松，由肾上腺皮质束状带分泌。

糖皮质激素主要作用为抑制糖氧化、加强蛋白质分解为氨基酸并转化为糖、促进脂肪动员，其作用结果与胰高血糖素相似，可使血糖浓度提高。

5. 生长素

生长素（GH）是一种由191个氨基酸组成的蛋白质，由脑下垂体前叶嗜酸性细胞所分泌。

生长素具有促进所有组织的蛋白质合成和RNA合成、促进脂肪酸氧化分解、促进肝脏糖异生及肝糖原分解、抑制肌肉和脂肪组织的葡萄糖氧化供能、使血糖浓度升高的作用，还具有抗胰岛素的作用。

三、糖代谢紊乱

糖代谢紊乱在临床上是常见的。诸如神经系统机能紊乱、内分泌失调、肝及肾等器官的功能障碍以及酶的遗传缺陷等因素，均可引起糖代谢紊乱，使有序的各代谢反应变得不协调，造成体内血糖浓度的过高或过低。

造成糖代谢紊乱的因素主要有两方面：一是遗传因素所致，由于控制某些参与糖代谢的酶的基因缺陷而使酶的含量不足或缺少，从而造成代谢紊乱；二是参与糖代谢的器官发生了病变所致，由于降低血糖的激素主要是由胰岛所分泌的，因而胰岛一旦发生病变或生理障碍，将会导致糖代谢产生紊乱。

（一）先天性糖代谢紊乱

先天性糖代谢紊乱是一类遗传性疾病，它是由于糖代谢过程中所需的酶缺乏而引起的一类代谢障碍。如糖原合成酶的缺乏可导致肌糖原及肝糖原的减少；而6-磷酸葡萄糖酶、磷酸化酶及磷酸果糖激酶的缺乏会导致糖原分解障碍，使糖原在肝脏、肌肉大量堆积等。

（二）高血糖、糖尿病及降血糖药

1. 高血糖、糖尿病

高血糖是指空腹时血糖浓度超过6.7mmol/L。

如果血糖浓度较高，超过肾脏所能重吸收的限度（肾糖阈）时，糖将会从尿中排出，成为尿糖。

尿糖是人类和动物糖代谢失常的一种表现，尿中有显著的葡萄糖或其他的糖类出现。造成尿糖的原因有生理性和病理性两类。

（1）生理性尿糖 生理性尿糖是由于生理上的暂时性变化而引起的，这种高血糖是暂时性的，为假性糖尿病，不需治疗。常见的有如下几类。

① 饮食性尿糖。由于糖摄入量过多，血糖含量暂时超过肾糖阈或糖耐量而发生的一种尿糖现象。

② 妊娠性尿糖。女性受孕的第30周左右，由于脑垂体功能增高，调控血糖升高的激

素增多，而导致尿糖的出现。

③ 肾上腺性尿糖。肾上腺素能促进糖原分解，升高血糖浓度。因而，所有能刺激交感神经的作用（愤怒、饥饿、剧痛等）都可促进肾上腺素的分泌，使血糖浓度增高，超过肾糖阈而从尿排出。

(2) 病理性尿糖　病理性尿糖可以是由于先天性缺陷所致，也可以是由于内分泌障碍而引起的，这两种原因所致的糖尿病是持续性的，为前者为先天性尿糖，后者为真性糖尿病，均需要进行控制或治疗。

① 先天性尿糖是因为遗传基因缺陷，使身体缺乏某种糖代谢所必需的酶所引起的。

② 真性糖尿病大多数是因为胰腺的分泌失常，造成胰岛素缺乏或抗胰岛素的激素分泌过多，使机体不能充分利用血糖，以致血糖过高，由尿排出。真性糖尿病的病人，肝糖原的合成和氧化均降低，糖的利用能力低下。这样就必然导致体内能量不足，只能增加脂肪代谢，以提供能量。但过多依赖脂肪分解提供能量则可导致产生过多的酮体，从而引起酸中毒及酮血症。因此，真性糖尿病的病人往往伴有多饮、多食、多尿和体重减少的“三多一少”症状。

从上述的情况可知，人们平常所讲的糖尿病是指真性糖尿病。因而判断糖尿病应视糖尿出现的具体情况而定，只有血糖浓度持续升高，糖耐量曲线出现异常才能称之为糖尿病。

2. 降血糖药

降血糖药主要有以下三大类。

(1) 胰岛素　胰岛素作为降血糖药是很容易理解的。因为血糖浓度过高，往往是由于胰岛素的分泌不足或对抗胰岛素的激素增多所致，因而加大胰岛素的量就能使血糖浓度下降。但胰岛素是蛋白质，口服往往会被胃肠道的酶分解，起不到应有的作用。因而，现在所用的胰岛素一般是将胰岛素与碱性鱼精蛋白和锌结合，制成长效制剂，通过皮下注射而使用。

然而，外加的胰岛素不可能改变体内激素的水平，因而起不到根治的目的，只能使血糖暂时性降低。

(2) 口服降血糖药　此类药物使用方便，但作用缓慢，而且弱，不适宜于重症病人。这类药物主要包括以下两类。

① 磺酰脲类。磺酰脲类有第一代（甲苯磺丁脲、氯苯磺丙脲、乙酰磺环己脲、妥拉磺脲）和第二代（格列波脲、格列齐特、格列甲嗪和格列喹酮等）。第二代是在第一代的基础上进行了化学结构的改变，用量小，作用强而持久。

这类药物对正常人和糖尿病患者都有降血糖作用，主要是刺激胰岛素的β-细胞分泌胰岛素，从而提高体内胰岛素的含量。通过增加靶细胞对胰岛素的结合率，提高其对胰岛素的反应性。但如果病人的胰岛β-细胞已失去其生理功能，则此类药物无效。这类药物还可抑制胰高血糖的分泌及抑制糖异生作用，使肝脏葡萄糖的合成和释放减少，降低血糖浓度。

② 双胍类。主要有苯乙双胍（降糖灵）、二甲双胍和丁双胍。

这类药物对正常人几乎没有降血糖作用，它并无促进胰岛素分泌的作用，但可促进周围组织对葡萄糖的利用，减少肝释放葡萄糖，延缓肠道对葡萄糖的吸收，因而有较强的降血糖作用。

(3) 中草药　地黄、枸杞子、天花粉、苦瓜蛋白、知母、藻类、菌类等多种中草药都有明显的降血糖作用。我国是植物类药用药的传统国家，随着分离分析技术的提高，将可开发出更多用于治疗糖尿病的中草药。

(三) 低糖血症

糖代谢紊乱的另一种表现是低糖血症。所谓低血糖是指血糖浓度低于 3.3mmol/L。

低糖血症病因复杂，可以是由于进食不足、耗糖过度、胰岛素分泌增多或对抗胰岛素的激素分泌过少、肝脏或胰腺功能异常等原因所造成的。

低糖血症临床一般表现为饥饿感和四肢无力，并伴有面色苍白、心慌、心动过速、血压偏高、多汗、恶心呕吐等症状。

缓解低血糖最简便的方法是给患者口服糖盐水或静脉注射葡萄糖液。但要根治，则应查清病因，对症下药。

习　题

1. 解释下列名词

糖的无氧酵解、糖的有氧氧化、糖异生作用、血糖

2. 列表比较糖的无氧酵解、糖的有氧氧化及磷酸戊糖途径的生理意义。

3. 写出葡萄糖经糖有氧氧化途径分解为 CO_2 和 H_2O 的过程。并请指出在此途径中 ATP、H_2O 的生成和消耗的情况及具体的反应部位。CO_2 又由哪些反应步骤生成呢？

4. 写出以丙酮酸、乳酸为原料，生成葡萄糖的过程。

5. 人体血糖浓度的正常值是多少？血糖有哪些来源和去路？主要的来源和去路又是什么？

6. 参与糖代谢调节的激素有哪些种类？作用如何？

7. 判断糖尿病的依据是什么？常用的降血糖药有哪些？

（劳影秀）

第七章 脂类代谢

第一节 概 述

一、脂类的概念

脂类是脂肪和类脂的总称，是一类难溶于水而易溶于有机溶剂的化合物，是生物体的重要组成成分。

(一) 脂肪

脂肪是 1 分子甘油与 3 分子高级脂肪酸所形成的酯，故称三脂酰甘油（甘油三酯），又称真脂或中性脂肪，其结构如下：

$$\begin{array}{l} CH_2OCOR^1 \\ | \\ CHOCOR^2 \\ | \\ CH_2OCOR^3 \end{array}$$

R^1、R^2、R^3代表脂肪酸的烃基，它们可以相同，也可以不同。通常 R^1 和 R^3 为饱和的烃基，R^2 为不饱和的烃基。若 3 个脂肪酸都相同，称为简单三脂酰甘油，如三硬脂酰甘油、三油酰甘油等。若含有 2 个或 3 个不同的脂肪酸则称为混合三脂酰甘油。自然界的脂肪中，多数是混合三脂酰甘油的混合物，简单三脂酰甘油较少，仅橄榄油和猪油含三油酰甘油较高，约占 70%。动植物脂肪中绝大多数为含偶数碳原子的脂肪酸，其中有饱和脂肪酸和不饱和脂肪酸。一般含饱和脂肪酸高的三脂酰甘油，室温时为固态，俗称为脂；不饱和脂肪酸含量较高者，室温时为液态，俗称为油。有时也统称为油脂。

哺乳动物体内能合成饱和脂肪酸和单不饱和脂肪酸，但不能合成含两个以上双键的亚油酸、亚麻酸和花生四烷酸（能以亚油酸为原料合成）。人们把维持人体正常生长所必需而体内又不能合成的脂肪酸称为必需脂肪酸。动物体内常见的脂肪酸见表 7-1。

表 7-1 动物体内常见的脂肪酸

类 别	习惯名称	系 统 名 称	缩 写 符 号
饱和脂肪酸	豆蔻酸	十四烯酸	14：0
	软脂酸	十六烷酸	16：0
	硬脂酸	十八烷酸	18：0
	花生酸	二十烷酸	20：0

续表

类　别	习惯名称	系 统 名 称	缩 写 符 号
不饱和脂肪酸	软油酸	9-十六碳烯酸	16∶1(9)
	油酸	9-十八碳烯酸	18∶1(9)
	亚油酸	9,12-十八碳二烯酸	18∶2(9,12)
	α-亚麻酸	9,12,15-十八碳三烯酸	18∶3(9,12,15)
	γ-亚麻酸	6,9,12-十八碳三烯酸	18∶3(6,9,12)
	花生四烯酸	5,8,11,14-二十碳四烯酸	20∶4(5,8,11,14)
	EPA	5,8,11,14,17-二十碳五烯酸	20∶5(5,8,11,14,17)
	DHA	4,7,10,13,16,19-二十二碳六烯酸	20∶6(4,7,10,13,16,19)

注：表内缩写符号中，冒号前为脂肪酸的碳原子数，冒号后为双键数，括号内的数为双键的位置。

（二）类脂

类脂是性质与脂肪类似的物质。主要有磷脂、糖脂、胆固醇及胆固醇酯等。

1. 磷脂类

磷脂有磷酸甘油酯和神经磷脂等。

(1) 磷酸甘油酯（又称甘油磷酯）是磷脂酸的衍生物。甘油中的两个羟基和脂肪酸结合成酯，第三个羟基被磷酸酯化生成磷脂酸，磷脂酸再与其他醇羟基化合物连接，即组成不同的磷脂。磷酸甘油酯主要有磷脂酰胆碱、磷脂酰胆胺、磷脂酰丝氨酸和磷脂酰肌醇等。其化学结构如下：

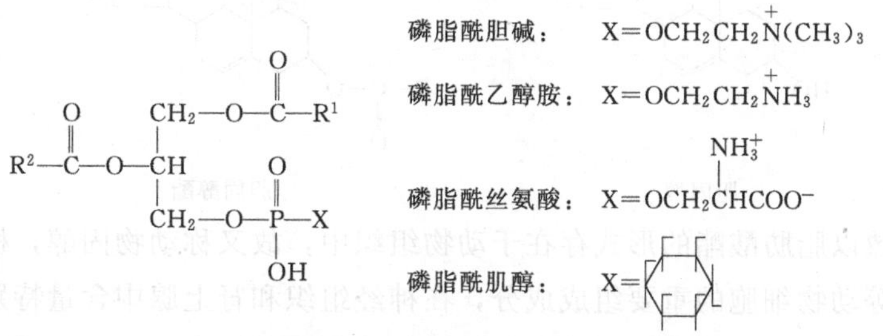

磷酸甘油酯分子中，两个长脂肪酸链为非极性，其余部分为极性，所以磷脂是两性脂类。它是生物膜的主要成分，在脂类的消化吸收及脂类的运输等方面起着非常重要的作用。

(2) 神经磷脂又称鞘磷脂，它含有神经氨基醇（鞘氨醇），其组成由神经氨基醇以酰胺键与脂肪酸连接，再以酯键与磷酸胆碱结合。其结构式如下：

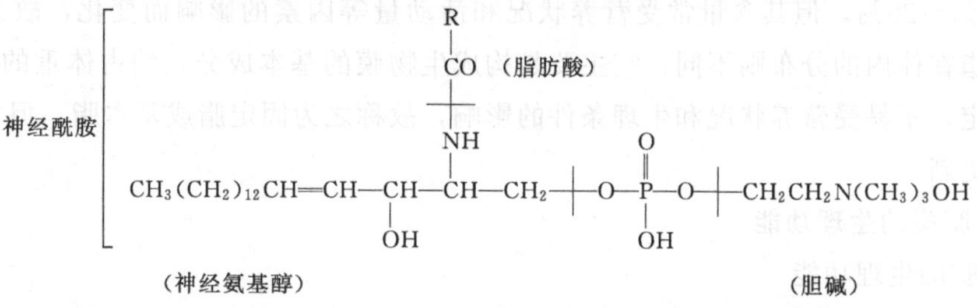

神经磷脂

神经磷脂的极性部分为磷酸胆碱，脂肪酸和神经氨基醇的长碳链为非极性，因此，其性质和磷酸甘油酯一样，也是两性脂类。神经磷脂在脑和神经组织中含量较多。

2. 糖脂类

糖脂是分子中含糖的脂类，为神经酰胺的衍生物。其分子结构中有神经氨基醇、脂肪酸和糖，其结构通式如下：

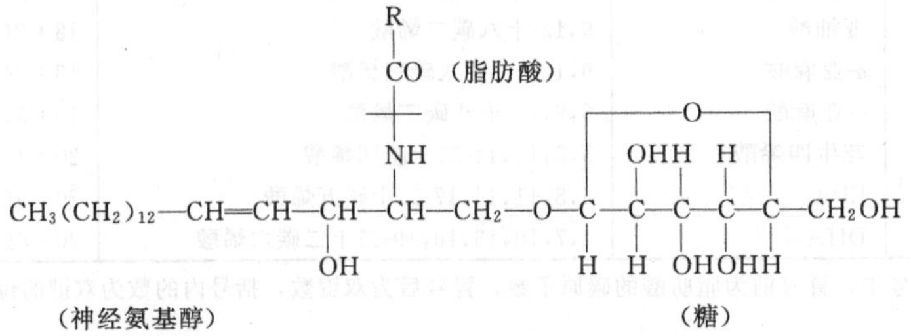

糖脂主要有糖苷脂和神经苷脂。糖脂虽然生物膜中含量很少，但有许多特殊的生物功能，它与组织器官的专一性有关，在组织免疫、细胞识别、神经传导等方面也起着重要作用。

3. 胆固醇及其酯

胆固醇及其脂肪酸酯是人和动物体内重要的甾醇类化合物，因其最初是从动物胆石分离出来的固醇类物质而得名。它以环戊烷并多氢菲为基本结构。其结构式如下：

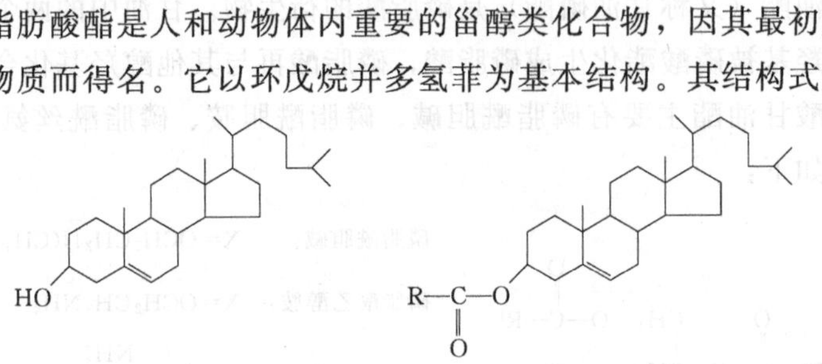

胆固醇　　　　胆固醇酯

胆固醇多数以脂肪酸酯的形式存在于动物组织中，故又称动物固醇，植物组织中无胆固醇。它是高等动物细胞的重要组成成分，在神经组织和肾上腺中含量特别丰富，肝、肾和表皮组织含量也很多。体内胆固醇长期偏低，癌发病率升高。

二、脂类的分布及生理功能

（一）脂类的分布

脂肪在人体内主要分布于皮下、腹腔大网膜及肠系膜等处，常称之为贮脂。一般可达体重的10%～20%，但其含量常受营养状况和活动量等因素的影响而变化，故又称为可变脂。类脂在体内的分布则不同，它主要是构成生物膜的基本成分，约占体重的5%，含量比较恒定，不易受营养状况和生理条件的影响，故称之为固定脂或基本脂。但它们也不断地自我更新。

（二）脂类的生理功能

1. 脂肪的生理功能

（1）贮能和供能　1g脂肪在体内完全氧化所释放的能量约为38kJ，是1g糖或蛋白质释放能量的两倍以上。当糖供能发生障碍或饥饿时，体内贮存的脂肪成为能量的主要来源。因此脂肪成为空腹或禁食时体内能量的主要来源。

（2）固定内脏、维持体温　分布于皮下及内脏周围的脂肪组织，有缓和机械冲击的作用，故能保护内脏和固定内脏。脂肪又不易导热，可防止热量散失以维持体温。

（3）协助脂溶性维生素吸收　脂溶性维生素不溶于水，因此在肠道内不易吸收。但脂溶性维生素可溶于食物脂肪中并随脂类的吸收而吸收，因此食物中脂类缺乏或消化吸收障碍，往往发生脂溶性维生素缺乏。

（4）提供必需脂肪酸　必需脂肪酸不仅是磷脂的重要组成成分，而且还有维持上皮组织营养、降低血脂、防止动脉粥样硬化及血栓形成的作用。花生四烯酸还是体内合成前列腺素、血栓素和白三烯等重要活性物质的原料。这些物质不仅参与了所在细胞的代谢活动，而且近年来还发现与炎症、免疫、心血管病等病理过程有关，在调节细胞代谢方面具有重要的作用。

2. 类脂的生理功能

（1）维持生物膜的正常结构和功能　类脂是生物膜的基本材料，它们以脂质双层形式构成生物膜的基本结构，约占膜总量的一半，是细胞进行各种正常功能活动的重要保证。

（2）胆固醇在体内可转变为胆汁酸盐、维生素 D、类固醇激素等重要物质。

第二节　脂类的贮存、动员和运输

一、脂类的贮存

贮存脂肪的主要场所是脂肪组织，以皮下、肾周围、大网膜和肠系膜等处贮存最多，称为脂库。糖类是贮存脂肪的主要来源。

消化吸收后的脂类大部分通过小肠绒毛的中央乳糜管，从淋巴进入血液。亦有少量先入肝，再由肝流入血液，运至全身各组织器官。其中脂肪可被组织氧化利用，脂肪酸也可被适当改造后转变成与人体相近的脂肪，贮存于脂库。除了消化吸收的脂肪可贮于脂库外，人体还能利用糖和氨基酸合成脂肪贮存于脂库。人体脂肪主要由糖转化而来，食物脂肪仅是次要的来源。实验证明，人只要有大量过剩的糖类，不吃脂肪同样也会肥胖，说明糖类是贮存脂肪的主要来源。

脂肪在体内贮存的多少，依性别、年龄、营养状况及活动程度等因素而定，也受神经和激素的影响。体内贮存脂肪过多可致肥胖，原因可能是多食少动，供过于求，也可能是由于内分泌失调，体内代谢紊乱所致。故治疗肥胖应针对病因。

二、脂类的动员

脂库中贮存的脂肪经常有一部分经脂肪酶水解释放出脂肪酸和甘油，称为脂肪的动员。脂肪动员释放出的脂肪酸，可与血浆清蛋白结合运至各组织氧化利用，也可经肝脏改造后再被各组织利用。进入肝脏的脂肪酸仍可用于合成脂肪，再以脂蛋白的形式由血液运至各组织被利用。脂类的贮存、动员和运输见图 7-1。

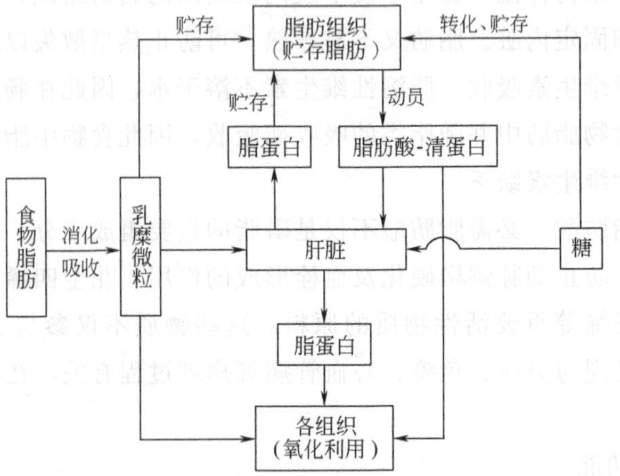

图 7-1　脂类的贮存、动员和运输

三、脂类的运输——血浆脂蛋白

脂类在体内是通过血液循环以血浆脂蛋白的形式运输的。

（一）血脂

血脂是指血浆中的脂类，包括三脂酰甘油、二脂酰甘油、单脂酰甘油、磷脂、胆固醇和胆固醇酯、游离脂肪酸等。

脂类物质都需经血液转运于各组织之间，所以血脂的含量可以反映体内脂类物质的代谢情况。正常人血脂含量的变动幅度很大，易受膳食和生理状态的影响，但通过机体调节，可处于动态平衡状态。故测定血脂时，常在饭后 12～14h 采血，以反映血脂水平的真实情况。某些疾病会使血脂含量有很大变化，如糖尿病和动脉粥样硬化病人，血脂一般会有明显升高。所以，测定血脂在临床上具有重要意义。正常成人空腹时血脂含量见表 7-2。

表 7-2　正常人空腹时血脂的组成及正常参考值

组　成	正常参考值/(mmol/L)或(mg/dl)	组　成	正常参考值/(mmol/L)或(mg/dl)
三脂酰甘油	1.0～1.7(100～150)	游离胆固醇	1.0～1.8(40～70)
总胆固醇	2.6～6.5(100～250)	磷脂	48.4～80.7(150～250)
胆固醇酯	1.8～5.2(70～200)	游离脂肪酸	0.195～0.805(5～20)

（二）血浆脂蛋白

脂类难溶于水，在水中往往成乳浊液。而正常人的血浆虽含有较多的脂类，但却能保持透明，其原因是血浆中的脂类并非以游离状态存在，而是与亲水性强的蛋白质结合成脂蛋白的形式在血液循环中运输。所以，血浆脂蛋白是脂类在血液中的运输形式。

1. 血浆脂蛋白的分类

各种脂蛋白中脂类和蛋白质都不尽相同，通常用电泳法或超速离心法将其分为 4 类。

（1）电泳法　由于各类脂蛋白的载脂蛋白种类和含量不同，因而其表面电荷不同，在电场中移动的速度也就不同。根据其在电场中移动的快慢，将脂蛋白分为四类，即α-脂蛋白、前β-脂蛋白、β-脂蛋白和乳糜微粒。乳糜微粒在原点不动，β-脂蛋白相当于血清蛋白电泳中β-球蛋白的位置，前β-脂蛋白位于β-脂蛋白之前，相当于α_2-球蛋白的位置，α-脂蛋白相当于α_1-球蛋白的位置。如图 7-2。

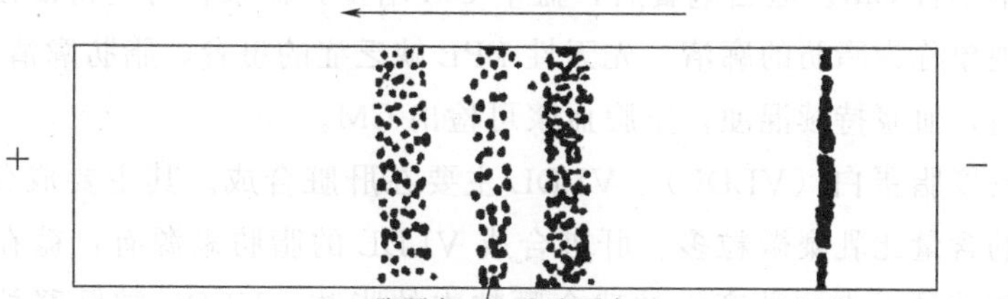

图 7-2 血浆脂蛋白电泳图谱

正常人电泳图谱上β-脂蛋白多于α-脂蛋白，α-脂蛋白又多于前β-脂蛋白。前β-脂蛋白含量少时在一般电泳图谱上不明显。乳糜微粒只在进食后才有，空腹时难以检出。

(2) 超速离心法（密度分离法） 由于各类脂蛋白中脂类和蛋白质所占的比例不同，因而密度不同，在超速离心时沉降速度就不同。血浆脂蛋白按其密度不同从小到大依次为乳糜微粒（CM）、极低密度脂蛋白（VLDL）、低密度脂蛋白（LDL）和高密度脂蛋白（HDL）。用电泳分离法和超速离心法所得的各类脂蛋白之间的关系见表 7-3。

表 7-3 血浆脂蛋白的分类、密度和大小

密度分类	电泳分类	密度/(g/cm^3)	颗粒直径/nm
乳糜微粒(CM)	乳糜微粒	<0.96	80～500
极低密度脂蛋白(VLDL)	前β-脂蛋白	0.96～1.006	25～80
低密度脂蛋白(LDL)	β-脂蛋白	1.006～1.063	20～25
高密度脂蛋白(HDL)	α-脂蛋白	1.063～1.210	10～15

2. 血浆脂蛋白的组成和生理功能

各类血浆脂蛋白都含有蛋白质、三脂酰甘油、胆固醇、胆固醇酯及磷脂，但在组成比例上大不相同。其中蛋白质部分称为载脂蛋白，目前已发现主要有 A、B、C、D、E 5 类，各种载脂蛋白都有一定的分布和特定的功能。血浆脂蛋白的脂类部分包括三脂酰甘油、胆固醇、胆固醇酯和磷脂。不同的脂蛋白其脂类的含量和组成各不相同，生理功能也不同。血浆脂蛋白的组成和生理功能见表 7-4。

表 7-4 血浆脂蛋白的组成和生理功能

脂蛋白类别	化学组成/%				主要生理功能
	蛋白质	三脂酰甘油	胆固醇及其酯	磷脂	
乳糜微粒	0.5～2	80～95	4～5	5～7	转运外源性脂肪
极低密度脂蛋白	5～10	50～70	15～19	15	转运内源性脂肪
低密度脂蛋白	20～25	10	48～50	20	转运胆固醇
高密度脂蛋白	50	5	20～22	25	转运磷脂和胆固醇

(1) 乳糜微粒 (CM) CM在小肠黏膜上皮细胞合成，内含大量的三脂酰甘油。CM形成后经乳糜管、胸导管进入血液运至肝外各组织，肝外组织的毛细血管内皮细胞存在着脂蛋白脂肪酶 (LPL)，可催化CM颗粒不断脱脂变小，其残存颗粒最后被肝细胞摄取利用。所以CM的主要功能是转运外源性脂肪到全身。由于CM的降解速度很快，故正常人空腹时血浆中不含CM。但当饱餐后，血中CM增多，血浆暂时变得混浊，数小时后又变澄清，这种现象称为脂肪的廓清。先天性LPL缺乏症的患者，脂肪廓清不能顺利进行，食入大量脂肪后，血浆持续混浊，空腹血浆可检出CM。

(2) 极低密度脂蛋白 (VLDL) VLDL主要在肝脏合成。其主要成分也是脂肪，但磷脂和胆固醇的含量比乳糜微粒多。肝脏合成VLDL的脂肪来源有：糖在肝脏中转变而来、脂库中脂肪动员而来、乳糜微粒残余颗粒中的脂肪。VLDL被肝释放入血后，经脂蛋白脂肪酶的催化不断水解脱脂，脂蛋白颗粒也逐渐变小，组成比例不断发生变化，胆固醇含量相对增加，最后转变成低密度脂蛋白。所以，VLDL的主要功能是从肝转运内源性脂肪到全身。

(3) 低密度脂蛋白 (LDL) LDL是由VLDL在血浆中转变而来的，它是正常空腹时血浆中主要的脂蛋白，约占血浆脂蛋白总量的2/3。因LDL含有较多的胆固醇和胆固醇酯，所以它的主要功能是将胆固醇从肝内运输到肝外组织，经水解释放游离的胆固醇，供细胞利用；也可抑制细胞内胆固醇的合成，并促使过多的胆固醇转变为胆固醇酯加以贮存。临床上对LDL的增加很重视，因LDL易附着在血管内皮细胞表面，进而进入细胞浆内，最终结果是在动脉内膜下层沉积，并分解释出胆固醇、脂肪、磷脂和蛋白质。局部胆固醇的沉积，如不能较快地被吸收、消散，就可能进而发展成为动脉粥样硬化。动脉粥样硬化的血管有以下一些变化：内膜增生、变性，管壁出现粥样斑块，使血管壁硬化，失去弹性及收缩力，管腔狭小或闭塞等病变，其结果可引起一时性或持续性缺血、供氧不足。若这种状况发生在冠状动脉，则会产生心绞痛以及心肌梗死等一系列的严重症状。常见的冠心病就是这类疾病的通称。另外，LDL还能引起血小板聚集，从而促进血栓形成。由于VLDL是LDL的前体，因此，血浆LDL及VLDL含量高于正常者患动脉粥样硬化及心血管疾病的危险性会明显增高。

(4) 高密度脂蛋白 (HDL) HDL主要在肝脏中合成。其组成中除载脂蛋白含量较多外，磷脂和胆固醇的含量也很高。当新生HDL进入血液后，不断从外周组织中获取胆固醇而转变成成熟HDL。HDL主要在肝脏降解，被肝细胞摄取利用。因此，HDL的主要功能是将肝外组织的胆固醇转运至肝内进行代谢，故HDL可降低血浆胆固醇的浓度，防止游离胆固醇在动脉壁和其他组织中积累。正常成人空腹血浆中HDL含量较为稳定，约占血浆脂蛋白总量的1/3。血浆HDL增高的人，不易发生动脉粥样硬化和心血管疾病。

四、高脂血症与高脂蛋白血症

临床上将空腹时血浆胆固醇或三脂酰甘油持续超出正常上限者称为高脂血症。由于血脂在血中是以可溶性脂蛋白的形式存在、运输和代谢的，所以高脂血症实际上是高脂蛋白血症，如高乳糜微粒血症。高脂血症按病因可分为原发性和继发性两大类。继发性高脂血症继发于某些疾病，如糖尿病，肝、肾、甲状腺功能减退等，其发病机制与原发病有关，原发病一旦受到控制，高脂血症也可缓解。原发性高脂血症与脂蛋白代谢的遗传缺陷有关。另外，肥胖、不良的饮食和生活习惯也是诱发高脂血症的重要原因。

第三节　脂肪代谢

体内的脂肪不断地进行分解代谢，以提供机体能量。被分解的脂肪除从食物脂肪的消化吸收加以补充外，主要由糖类化合物转化而来。各组织中的脂肪不断地进行贮存和动员，在正常情况下，脂肪的分解和合成处于动态平衡。

一、脂肪的分解代谢

（一）脂肪的水解

催化脂肪水解的酶统称为脂肪酶。脂肪在体内氧化时，先在脂肪酶的催化下，水解为脂肪酸和甘油，这两种水解产物再分别进行氧化分解。

三脂酰甘油首先在三脂酰甘油脂肪酶的催化下，水解为二脂酰甘油和脂肪酸，二脂酰甘油在二脂酰甘油脂肪酶的作用下水解成单脂酰甘油，单脂酰甘油再在单脂酰甘油脂肪酶催化下彻底水解为甘油和脂肪酸。其水解过程如下：

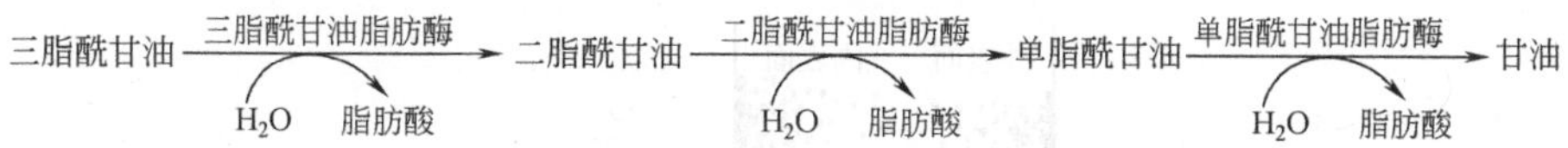

在上述脂肪的水解反应中，三脂酰甘油脂肪酶活性最低，故该酶是三脂酰甘油水解过程的调节酶。此酶活力易受许多激素的影响，所以又称为激素敏感性三脂酰甘油脂肪酶，该酶活性的大小直接影响脂肪的动员，是调节脂库中脂肪动员的关键酶。

（二）甘油的代谢

肌肉及脂肪细胞中甘油激酶的活性很低，无法利用脂肪水解产生的甘油，只能通过血液运至甘油激酶含量高的肝、肾等部位。甘油首先在甘油激酶的催化下进行磷酸化反应，生成 α-磷酸甘油，后者再脱氢生成 3-磷酸甘油醛。3-磷酸甘油醛即可进入糖分解代谢途径：①供氧不足时，可进行无氧分解生成乳酸；②供氧充足时，可经三羧酸循环彻底氧化生成 CO_2 和 H_2O；③可经糖异生途径生成葡萄糖和糖原。甘油的分解过程如下：

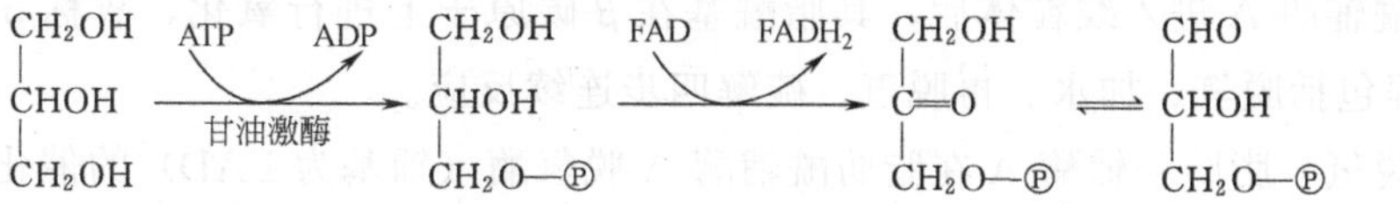

甘油　α-磷酸甘油　磷酸二羟丙酮　3-磷酸甘油醛

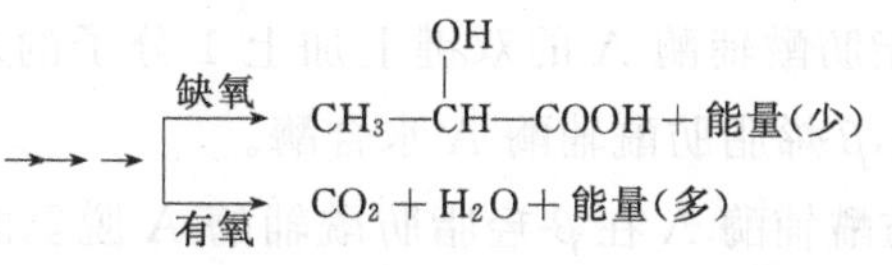

由于甘油只占脂肪分子中很小一部分，所以脂肪氧化提供的能量主要来自脂肪酸

部分。

（三）脂肪酸的氧化

脂肪酸的氧化过程包括：脂肪酸的活化、脂肪酰辅酶A进入线粒体、脂肪酸的β-氧化。在一系列酶的催化下，长链脂肪酸逐步降解，生成许多分子的乙酰辅酶A，乙酰辅酶A进入三羧酸循环被彻底氧化，生成CO_2、H_2O和能量。

1. 脂肪酸的活化

脂肪酸在氧化分解之前，必须先经活化，即脂肪酸转变为脂肪酰辅酶A，此过程称脂肪酸的活化。脂肪酸活化后不仅含有高能硫酯键，而且增加了水溶性，从而大大提高了脂肪酸的代谢活性。脂肪酸活化是耗能反应，反应中ATP供能后生成AMP，而AMP需2次磷酸化才能补充生成ATP，因此1分子脂肪酸活化消耗2分子ATP。

$$\underset{\text{脂肪酸}}{R{-}COOH} + \underset{\text{辅酶 A}}{ATP + CoASH} \xrightarrow{Mg^{2+}} \underset{\text{脂肪酰 CoA}}{RCO{\sim}SCoA} + AMP + \underset{\text{焦磷酸}}{PPi}$$

2. 脂肪酰辅酶A进入线粒体

脂肪酸的活化在细胞液中进行，催化脂肪酸氧化的酶系均存在于线粒体基质内，而脂肪酰辅酶A又不能穿过线粒体膜，其脂酰基就需要脂膜上的特异转运载体分子肉毒碱的携带，转运入线粒体，再与HSCoA结合重新转变成脂肪酰辅酶A（如图7-3）。

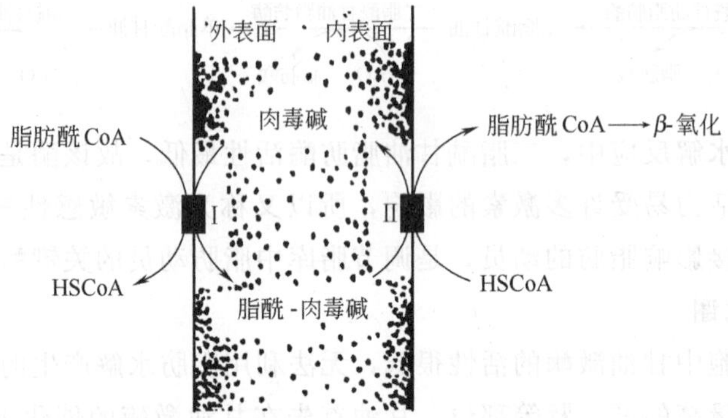

图7-3 脂肪酰辅酶A进入线粒内膜过程示意

Ⅰ、Ⅱ—肉毒碱脂肪酰转移酶

3. 脂肪酸的β-氧化过程

脂肪酰辅酶A进入线粒体后，其脂酰基在β-碳原子上进行氧化，故称β-氧化。每次β-氧化过程包括脱氢、加水、再脱氢、硫解四步连续反应。

（1）脱氢　脂肪酰辅酶A在脂肪酰辅酶A脱氢酶（辅基为FAD）的催化下，在α-碳原子和β-碳原子上各脱去1个氢原子，生成α,β-烯脂肪酰辅酶A。

（2）加水　在α,β-烯脂肪酰辅酶A的双键上加上1分子的水，生成β-羟脂肪酰辅酶A，催化这一反应的酶是α,β-烯脂肪酰辅酶A水合酶。

（3）再脱氢　β-羟脂肪酰辅酶A在β-羟脂肪酰辅酶A脱氢酶（辅酶为NAD^+）的催化下，脱去2个氢原子，生成β-酮脂肪酰辅酶A。

(4) 硫解　β-酮脂肪酰辅酶A在β-酮脂肪酰辅酶A硫解酶的催化下加上1分子辅酶A，生成1分子乙酰辅酶A和1分子比反应前少两个碳原子的脂肪酰辅酶A。

上述少了2个碳原子的脂肪酰辅酶A，可继续进行β-氧化，如此反复多次，使脂肪酰辅酶A逐步氧化降解，生成许多分子乙酰辅酶A。脂肪酸的β-氧化全过程示意如图7-4。

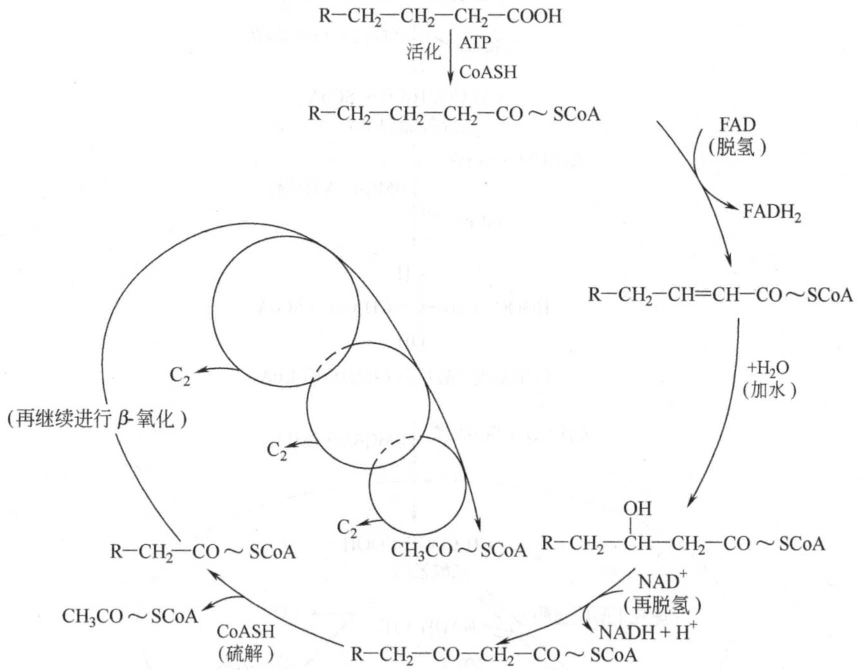

图7-4　脂肪酸的β-氧化全过程示意

4. 脂肪酰辅酶A彻底氧化

β-氧化生成的乙酰辅酶A通过三羧酸循环，可彻底氧化成CO_2、H_2O和能量，释放的能量以ATP的形式供机体活动的需要。

现以软脂酸彻底氧化为例，计算ATP的生成量。软脂酸是含16个碳原子的饱和脂肪酸，1分子软脂酸经7次β-氧化生成7分子$FADH_2$、7分子$NADH+H^+$和8分子乙酰辅酶A。每分子$FADH_2$进入呼吸链氧化生成2分子ATP；每分子$NADH+H^+$进入呼吸链氧化生成3分子ATP；每分子乙酰辅酶A通过三羧酸循环可彻底生成12分子ATP。1分子软脂酸经彻底氧化可生成$(7\times2)+(7\times3)+(8\times12)=131$分子ATP。另外脂肪酸活化时1分子ATP分解成了AMP和焦磷酸，实际消耗能量相当于2分子ATP。故1分子软脂酸彻底氧化净生成129分子ATP。由此可见，脂肪酸提供的能量比葡萄糖大得多。

(四) 酮体的生成和利用

1. 酮体的生成

脂肪酸在心肌、骨骼肌等组织中经β-氧化生成的乙酰辅酶A能彻底氧化生成CO_2和H_2O。而在肝脏中经β-氧化生成的乙酰辅酶A则不能彻底氧化，经常生成乙酰乙酸、β-羟丁酸和丙酮等中间产物，这3种物质统称为酮体。酮体生成的过程及催化各反应的酶如图7-5。

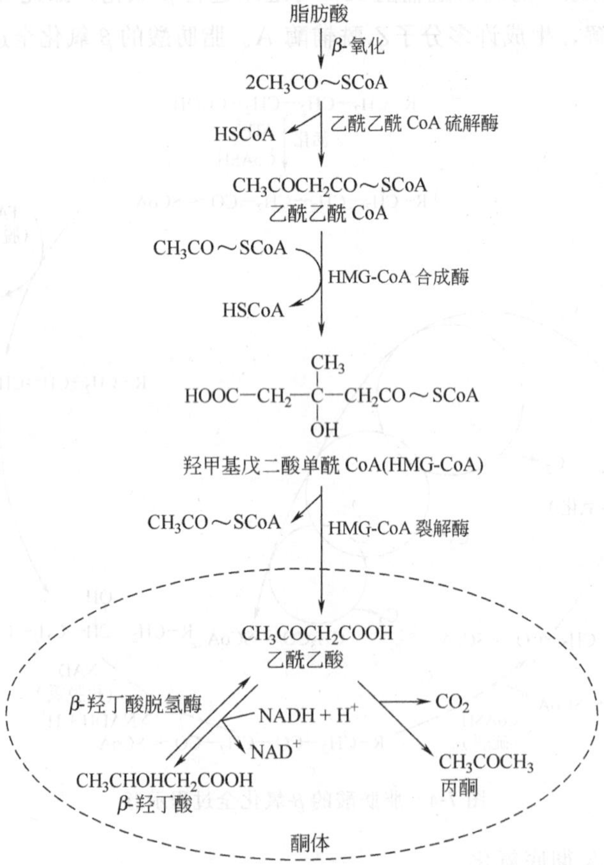

图 7-5 肝中酮体的生成

2. 酮体的利用

肝脏缺乏利用酮体的酶，故肝脏生成的酮体要迅速透出肝细胞经血液循环运至肝外组织氧化利用。许多组织如心肌、骨骼肌、肾及脑等有活性很强的利用酮体的酶，都能利用酮体氧化供能。酮体中的乙酰乙酸、β-羟丁酸利用的大致过程如图7-6。

丙酮的含量极微，大部分从肾和肺排出体外，少量丙酮可转变为丙酮酸，进入糖代谢途径。

3. 酮体代谢的生理意义

酮体是肝中脂肪酸氧化分解的正常代谢中间产物，也是肝向肝外组织输出能源物质的一种形式。肝脏生成酮体肝外利用是酮体代谢的特点。酮体作为能源有以下几方面优于脂肪酸：①溶于水，可直接由血液运输；②分子小，可直接利用；③易通过血脑屏障和肌肉的毛细血管壁供大脑及肌肉利用。所以，酮体是肝脏输出脂肪酸类能量的一种形式。正常情况下，脑组织基本上是利用血糖供能，但在饥饿时则主要依靠血液中的酮体供能，所以在低血糖时，血中的酮体可以维持心、脑等组织的正常生理功能。

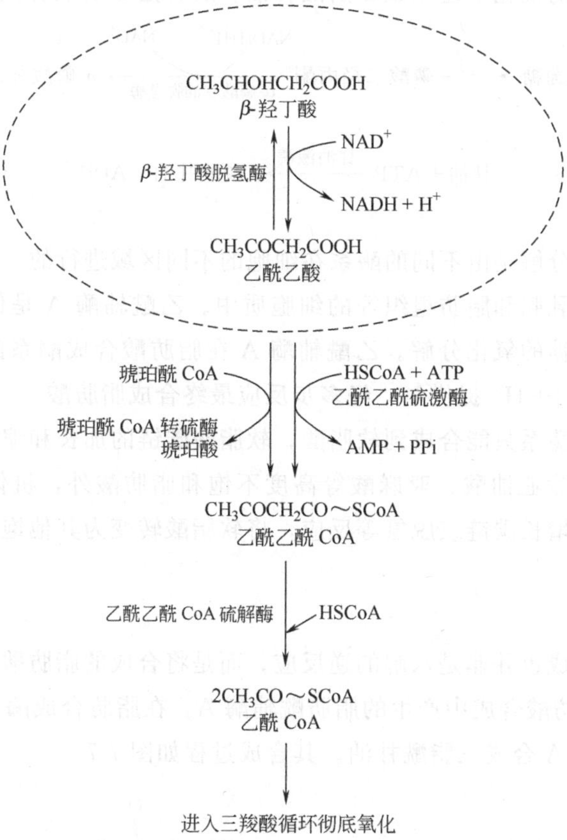

图 7-6 肝外组织酮体的利用

正常情况下，人体血液中只含有少量酮体，一般在 0.03～0.5mmol/L（0.3～5mg/dl)，并且肝外组织能及时耗用，因而浓度比较恒定。在某些情况下，如饥饿、糖尿病等，由于脂肪动员增加，脂肪酸大量分解，酮体的生成量相应增多，超过了肝外组织利用酮体的限度，造成血液中的酮体积聚，临床上称酮血症。血中酮体超过肾的重吸收能力，可随尿排出，出现酮尿症。酮体中的两个主要成分 β-羟丁酸和乙酰乙酸（约占酮体总量的 99％以上）都是较强的有机酸，血中浓度过高，可出现酸中毒，称为酮症酸中毒，严重者可危及生命。

二、脂肪的合成代谢

人体中脂肪来源有两种途径：一种是食物中的脂肪经结构改造后转变为人体脂肪；另一种是由糖类转变为脂肪，该途径是体内脂肪的主要来源。脂肪的合成场所主要是肝脏和脂肪组织，其他如肾、脑、肺、乳腺等组织也能合成脂肪。合成脂肪的原料是 α-磷酸甘油和脂肪酸。其合成过程可分为 α-磷酸甘油的合成、脂肪酸的合成和三脂酰甘油的合成 3 部分。

1. α-磷酸甘油的合成

α-磷酸甘油在肝脏中可由甘油磷酸化生成，也可由糖代谢的中间产物磷酸二羟丙酮，在α-磷酸甘油脱氢酶的催化下还原成α-磷酸甘油。后者是α-磷酸甘油的主要来源。

$$\text{葡萄糖} \rightarrow \rightarrow \rightarrow \text{磷酸二羟丙酮} \xrightarrow[\alpha\text{-磷酸甘油脱氢酶}]{NADH+H^+ \quad NAD^+} \alpha\text{-磷酸甘油}$$

$$\text{甘油} + ATP \xrightarrow{\text{甘油激酶}} \alpha\text{-磷酸甘油} + ADP$$

2. 脂肪酸的合成

脂肪酸的合成与分解是由不同的酶系在细胞的不同区域进行的。脂肪酸的合成部位是在肝、肾、肺、脑、乳腺和脂肪组织等的细胞质中。乙酰辅酶A是体内合成脂肪酸的直接原料，主要来源于糖的氧化分解。乙酰辅酶A在脂肪酸合成酶系的催化下，由磷酸戊糖途径生成的$NADPH+H^+$提供氢，经多步反应最终合成脂肪酸。

体内脂肪酸合成酶系只能合成到软脂酸，软脂酸碳链的加长和缩短需在线粒体中由脂肪酸分解酶系催化。除亚油酸、亚麻酸等高度不饱和脂肪酸外，机体可以以软脂酸为母体，在线粒体内经过增长碳链或脱氢等反应，将软脂酸转变为其他饱和脂肪酸和部分不饱和脂肪酸。

3. 脂肪的合成

脂肪在体内的合成也并非是水解的逆反应，而是将合成的脂肪酸先活化成脂肪酰辅酶A，也可直接利用脂肪酸合成中产生的脂肪酰辅酶A。在脂肪合成酶系的催化下，由α-磷酸甘油和脂肪酰辅酶A合成三脂酰甘油。其合成过程如图7-7。

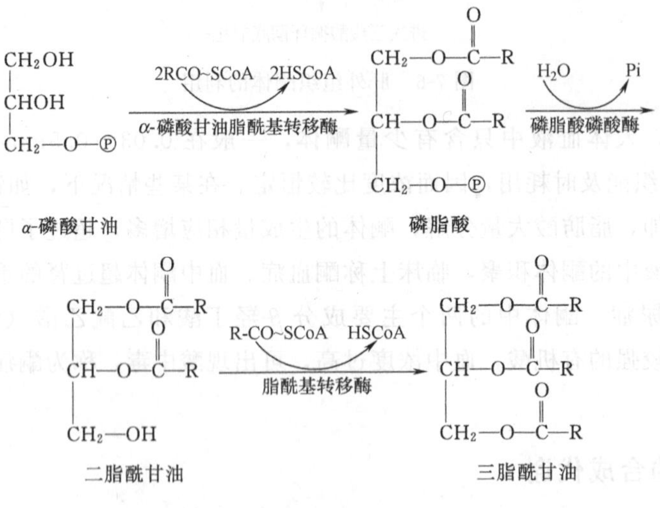

图7-7 三脂酰甘油的合成过程

第四节 类脂代谢

一、磷脂的代谢

机体内磷脂的更新速度很快，各组织都在不断地进行着磷脂的合成和分解，其中肝、小肠和肾是磷脂代谢最为活跃的场所。

(一) 甘油磷脂的合成代谢

1. 合成部位和原料

全身各组织均能合成磷脂，但以肝、肾及小肠等组织最为活跃。合成甘油磷脂的主要原料是二脂酰甘油、磷酸、胆碱、胆胺（乙醇胺）、丝氨酸、蛋氨酸等，还需要 ATP、CTP、叶酸和维生素 B_{12} 等辅助因子参加。二脂酰甘油主要来自磷脂酸，所以磷脂酸是合成二脂酰甘油和磷脂的共同中间代谢产物。二脂酰甘油也可由三脂酰甘油水解生成。胆碱和胆胺可由食物供给，也可由体内丝氨酸代谢产生。

2. 磷脂合成与脂肪肝

(1) 甘油磷脂的合成过程　胆碱和胆胺首先在不同的激酶催化下生成活化的胆碱和胆胺，即胞苷二磷酸胆碱（CDP-胆碱）和胞苷二磷酸胆胺（CDP-胆胺）。CDP-胆碱和 CDP-胆胺再和二脂酰甘油作用，生成磷脂酰胆碱和磷脂酰胆胺。在合成过程中，胆胺可以甲基化成胆碱，磷脂酰胆胺也可甲基化成磷脂酰胆碱，所需甲基由 S-腺苷蛋氨酸提供。如图 7-8。

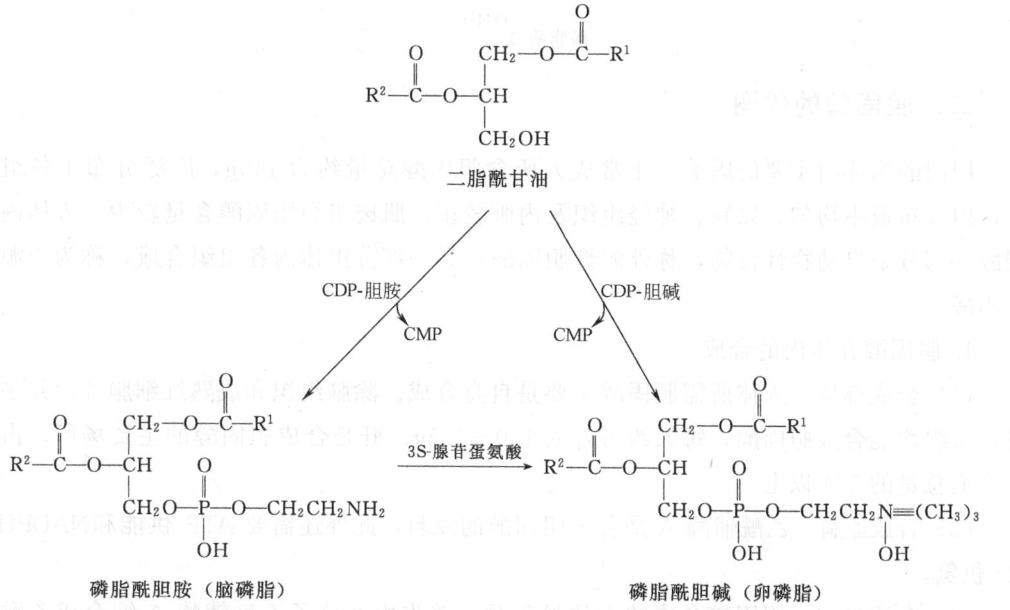

图 7-8　甘油磷脂的合成过程

(2) 脂肪肝　肝脏是脂类代谢的重要部位。肝脏中合成的脂类以脂蛋白的形式不断地向肝外转运。其中磷脂是合成脂蛋白不可缺少的原料，若磷脂减少则影响脂蛋白的形成和输出，肝中脂肪不能及时运出，引起脂肪在肝中的堆积，称为脂肪肝。尽管肝中脂类代谢率很高，但肝中脂类的含量并不多（约为 4%），其中主要是磷脂，脂肪仅占脂类总量的 1/4，而脂肪肝患者的肝脏脂肪含量竟超过 10%。脂肪肝患者肝细胞中堆积的大量脂肪，占据肝细胞很大空间，极大地影响了肝细胞的功能，甚至使很多肝细胞坏死、结缔组织增生，造成肝硬化。造成脂肪肝的主要原因有：肝中脂肪来源太多，如高脂肪及高糖膳食；

肝功能不好，此时肝脏合成脂蛋白的能力降低，氧化脂肪酸的能力减弱；合成磷脂的原料不足，如胆碱或合成胆碱的原料（蛋氨酸）缺乏等。因此，胆碱、蛋氨酸等可作为抗脂肪肝的药物。

（二）甘油磷脂的分解代谢

水解磷脂的酶有磷脂酶A、磷脂酶C、磷脂酶D等，它们分别作用于甘油磷脂的不同酯键。在各种磷脂酶的催化下，甘油磷脂先水解成各个组成成分，再分别代谢。如磷脂酰胆碱主要在磷脂酶A_1、磷脂酶A_2、磷脂酶C和磷脂酶D 4种酶的作用下，逐步水解生成甘油、脂肪酸、磷酸及胆碱（胆胺）。甘油和脂肪酸可在体内进一步分解，磷酸可用于体内其他代谢反应，胆胺可在体内完全氧化，胆碱经氧化和脱甲基生成甘氨酸，脱下的甲基用于其他生物合成。另外，水解得到的胆碱、胆胺或磷酸胆碱等也可用于磷脂的再合成。

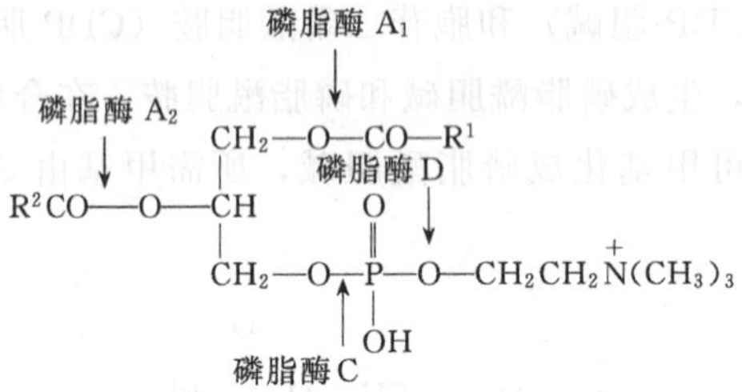

二、胆固醇的代谢

胆固醇为体内主要的固醇。正常成人所含胆固醇总量约为140g，广泛分布于各组织中，但分布极不均匀，以脑、神经组织及内脏较多，肌肉组织胆固醇含量较少。人体内胆固醇一部分来自动物性食物，称外源性胆固醇；另一部分由体内各组织合成，称为内源性胆固醇。

1. 胆固醇在体内的合成

（1）合成部位　人体所需胆固醇主要是自身合成。除脑组织和成熟红细胞外，几乎全身各组织均能合成胆固醇，每天约可合成1.0～1.5g。肝是合成胆固醇的主要场所，占全身合成总量的3/4以上。

（2）合成原料　乙酰辅酶A是合成胆固醇的原料，此外还需要ATP供能和NADPH+H^+供氢。

（3）合成过程　胆固醇合成的大致过程是：首先由2分子乙酰辅酶A缩合成乙酰乙酰辅酶A，然后再与1分子乙酰辅酶A缩合生成羟甲基戊二酸单酰CoA(HMG-CoA)，后者经HMG-CoA还原酶催化生成甲基二羟戊酸（MVA），MVA经多步酶促反应最终生成胆固醇。

2. 胆固醇在体内的转化

胆固醇的环戊烷多氢菲骨架在体内不能被彻底氧化分解为CO_2和H_2O，但其侧链可在体内转变成一系列有生理活性的重要类固醇化合物。

（1）转变成胆汁酸　胆固醇的主要去路是在肝脏中转变成胆汁酸。人体内的胆固醇约有80%在肝脏中转变为胆酸，胆酸再与甘氨酸或牛磺酸结合成胆汁酸，胆汁酸以钠盐或钾盐（胆盐）的形式随胆汁排入肠道。胆盐对脂类的消化和吸收起促进作用。

（2）转变成维生素 D_3 胆固醇在肝脏、小肠黏膜和皮肤等处，可脱氢生成7-脱氢胆固醇，后者经血液运至皮下贮存，经日光（紫外线）照射可转变成维生素 D_3。维生素 D_3 能促进肠道对钙、磷的吸收，有利于骨骼的生成。

（3）转变成类固醇激素 胆固醇可转变成类固醇激素，参与机体的代谢调节。如在肾上腺皮质细胞内可转变成肾上腺皮质激素，在卵巢中可转变成孕酮及雌性激素，在睾丸内可转变成睾酮等雄性激素。

3. 胆固醇的排泄

（1）以胆汁酸的形式排泄 大部分胆固醇以胆汁酸的形式随胆汁排入肠道，在肠道发挥促进脂类消化吸收的作用。肠道中的胆汁酸约95%经肠黏膜重吸收入血，其余随粪便排出。

（2）以粪固醇的形式排泄 胆固醇还可直接随胆汁排入肠道，其中一部分被重吸收进入血液，一部分在肠道被细菌作用还原为粪固醇，随粪便排出体外。

胆固醇在体内代谢示意见图7-9。

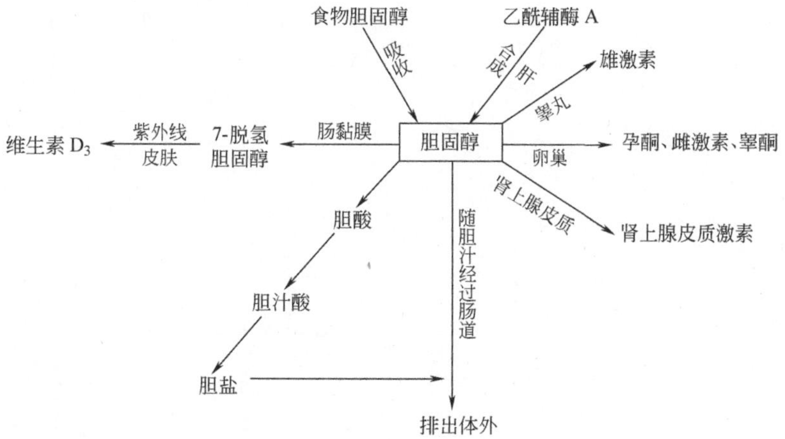

图7-9 胆固醇在体内代谢示意

4. 结石症

在胆囊或胆道形成的结石称为胆结石。胆结石的产生往往因血浆胆固醇浓度过高，胆汁浓而淤积或与发病部位感染有关，如炎症、寄生虫、术后等原因造成的。这类胆结石主要由胆固醇、胆红素、胆酸及钙盐等组成。治疗上常采用利胆药——去氧胆酸，来促进胆汁分泌，增加胆汁中水分及总量，使胆汁稀释，有利于排空胆汁；或用鹅去氧胆酸、熊去氧胆酸等改变胆汁中胆酸的成分，减少胆固醇的合成和分泌，有利于胆结石的溶解。

习 题

1. 名词解释

必需脂肪酸、血脂、脂肪酸的β-氧化、酮体、高脂血症、脂肪肝

2. 血浆脂蛋白按其密度不同分几类？各类脂蛋白的主要生理功能是什么？

3. 试述脂肪酸的β-氧化过程。

4. 计算1分子硬脂酸（C_{18}）彻底氧化能产生多少分子ATP？

5. 酮体在体内是怎样产生的？在什么情况下，机体会产生过多的酮体？后果如何？

6. 为什么进食糖类能促进脂肪的合成？

7. 试述胆固醇在体内的转化和排泄。

（姜秀英）

第八章　蛋白质分解代谢

广义的蛋白质分解代谢包括食物中的蛋白质在消化道内的消化过程和体内蛋白质的分解。蛋白质的合成代谢将在下一章叙述。

第一节　概　　述

一、食物蛋白质的营养作用

人类每天都进食蛋白质，也必须进食蛋白质，否则就会影响体内代谢平衡，就会造成营养不良。那么食物蛋白质的营养作用是什么呢？主要有以下几个方面。

(1) 维持人体的生长发育和组织器官的更新及修补　组成人体的基本单位是细胞，而细胞的主要成分是蛋白质。儿童的生长发育主要是细胞数量的增加，因此儿童每天都必须食入足量的蛋白质。此外，组织蛋白质也在不断地更新，如血浆蛋白质及内脏蛋白质的半衰期在2.5～10天之间，肌肉蛋白质则平均为180天；更新最快的是激素及酶，其半衰期常用小时甚至用分钟来计算。

(2) 合成含氮化合物　人不必为了合成体内核酸而进食核酸类食物，合成体内核酸的原料最终来源就是蛋白质和糖。如每合成一个AMP就消耗5个氨基酸。此外，蛋白质的分解产物氨基酸还参与胆汁酸、磷酸肌酸等的合成。

(3) 氧化供能　每克蛋白质完全氧化后产生的能量与同等质量的葡萄糖相等，即17kJ。但若以蛋白质作为人体生命活动的主要能源，是绝对不可取的，因为蛋白质在氧化分解产生能量的同时，还会分解出许多氨，而氨对于人类是剧毒。

综上所述，食物蛋白质在体内的作用是其他物质所不可替代的。那么，人体每日需要多少蛋白质才能满足这种需要呢？这就要测定不同情况下人体对蛋白质的需要量，具体采用的是氮平衡的方法。

二、氮平衡

前已述及，可以通过某物质的含氮量来测定其蛋白质的含量。所谓氮平衡就是指摄入蛋白质的含氮量与排泄物（主要是尿和粪便）中的含氮量之间的关系。它实际上反映的是体内蛋白质合成和分解的总结果。依据机体状况不同，氮平衡可出现3种情况。

(1) 氮总平衡　摄入氮量等于排泄氮量，即为氮总平衡。它说明体内蛋白质的合成量等于分解量。这种情况见于营养正常的成年人。

(2) 氮正平衡　摄入氮量大于排泄氮量，即为氮正平衡。它说明体内蛋白质的合成量大于分解量。此种情况多见于儿童、孕妇和恢复期的病人。

(3) 氮负平衡　摄入氮量小于排泄氮量，即为氮负平衡。它说明体内蛋白质的分解量大于合成量。此种情况多见于营养不良和消耗性疾病患者。

上述情况表明，不同个体在不同状态下，对蛋白质的需要量是不一样的。对于健康的成年人，量出而入；对于儿童和孕妇等要增加供给量；对于患消耗性疾病者，可通过静脉输入多种氨基酸营养液，以减轻体内的消耗，促进其康复。

实际上，仅仅注意了每日蛋白质的供给量是不够的，还要注意其质量。这就是摄入蛋白质中的必需氨基酸的数量和比例是否接近人体的需要。

三、必需氨基酸

组成蛋白质的氨基酸常见的有 20 种，其中有 8 种氨基酸是人体内所不能合成的，必须通过食物提供，这 8 种氨基酸就称为必需氨基酸。它们是缬氨酸、亮氨酸、异亮氨酸、苏氨酸、苯丙氨酸、色氨酸、蛋氨酸和赖氨酸。如果每日摄入蛋白质中的必需氨基酸不能满足体内蛋白质合成的需要，即使量再多也无济于事。

事实上，动物蛋白中的必需氨基酸更接近人体的需要，而植物蛋白就稍差一些。所以，动物蛋白质比植物蛋白质的营养价值高。通常人们的食物是混合型的，而这恰恰提高了食物中蛋白质的利用率。如谷类中的蛋白质含色氨酸多而赖氨酸少，豆类正好与之相反。若单独食用，各自的营养价值都低，但两者混合食用就相得益彰，此种作用称为蛋白质的互补作用。

若以人的一生为 75 岁计，大概最少需要 2000kg 的蛋白质。这些蛋白质都是通过消化道的消化吸收进入体内的。如何合理地利用蛋白质的确需要引起人们的重视。

第二节　氨基酸的一般代谢

一、氨基酸的来源与去路

1. 氨基酸的来源

(1) 食物供给　约占体内氨基酸的 1/3，大概 70g 左右。

(2) 组织蛋白质分解　是体内氨基酸的主要来源。

(3) 体内合成　每天在肝脏约合成 40g 左右，此类氨基酸为非必需氨基酸。

2. 氨基酸的去路

(1) 合成蛋白质。

(2) 转变为非蛋白质的含氮化合物。

(3) 氧化为二氧化碳和水，同时放出能量。

(4) 转变为糖和脂肪。

二、氨基酸的脱氨基作用

氨基酸的脱氨基作用是指脱去α-碳原子上的氨基，是氨基酸的主要代谢方式，具体有以下几种方式。

(一) 氧化脱氨基作用

所谓氧化脱氨基作用，是指脱氨反应过程中伴随着氧化反应。催化氨基酸氧化脱氨基的酶有多种，但活性普遍较低。只有L-谷氨酸脱氢酶的活性最强，在体内脱氨和合成非必需氨基酸上有重要意义。该酶分布广泛，特别在肝脏、肾脏和大脑细胞的线粒体中含量较多。

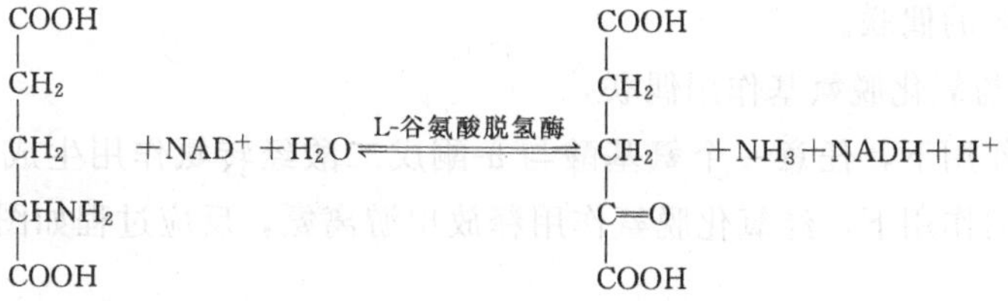

L-谷氨酸　　　　α-酮戊二酸

该反应为可逆反应，反应的平衡点偏向合成谷氨酸。发酵工业上生产味精就是根据这一原理。它同时也是人体内利用糖代谢的中间产物合成非必需氨基酸的重要途径。

(二) 转氨作用

在转氨酶的作用下，氨基酸的α-氨基与另一α-酮酸的酮基互换，生成新的氨基酸和α-酮酸，这个过程称为转氨作用。

人体内重要的转氨酶有丙氨酸转氨酶（ALT）和天冬氨酸转氨酶（AST）。它们分别催化下列反应：

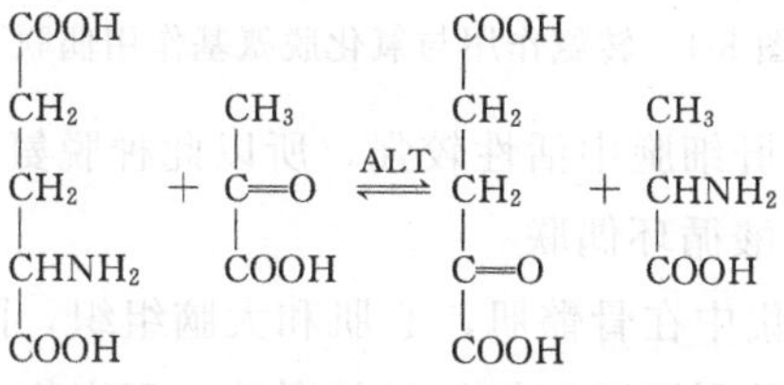

谷氨酸　丙酮酸　α-酮戊二酸　丙氨酸

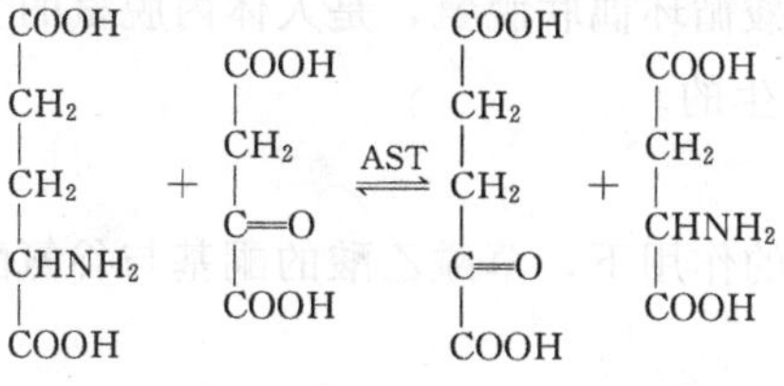

谷氨酸　草酰乙酸　α-酮戊二酸　天冬氨酸

丙氨酸转氨酶（ALT）和天冬氨酸转氨酶（AST）的辅酶均为磷酸吡哆醛或磷酸吡哆胺，都是维生素B_6的磷酸酯，在反应过程中，起着传递氨基的作用。丙氨酸转氨酶主要存在于肝脏细胞内，其次是肾脏和心肌细胞内。天冬氨酸转氨酶在心肌和肝细胞内活性最大。正常情况下，这两种酶在血清中含量最少。当肝细胞膜、心肌细胞膜通透性增强或者细胞坏死时，大量的转氨酶将进入血液。因此，临床上常通过检测血清中丙氨酸转氨酶和天冬氨酸转氨酶的活性来作为诊断肝脏和心脏疾病的辅助指标。

实际上，通过转氨作用，并不能真正地将氨基脱掉，只是进行了氨基的转移。所以转氨作用单独存在的意义并不在于脱氨，而是生成非必需氨基酸。事实上，肝脏的转氨酶活性较强，正好与其生成非必需氨基酸和合成蛋白质的功能相吻合。真正意义的脱氨基作用主要是依靠联合脱氨方式完成的。

(三) 联合脱氨基作用

联合脱氨基作用有两种方式：一是转氨作用与氧化脱氨基作用的偶联；二是转氨作用与嘌呤核苷酸循环的偶联。

1. 转氨作用与氧化脱氨基作用偶联

在转氨酶的作用下，任意一个氨基酸与 α-酮戊二酸经转氨作用生成谷氨酸，后者在 L-谷氨酸脱氢酶的作用下，经氧化脱氨作用释放出游离氨，反应过程如图 8-1 所示。

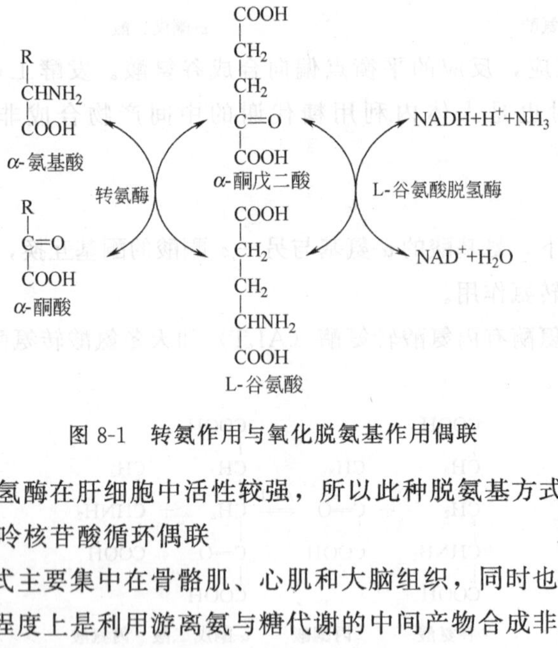

图 8-1 转氨作用与氧化脱氨基作用偶联

由于 L-谷氨酸脱氢酶在肝细胞中活性较强，所以此种脱氨基方式主要存在于肝脏。

2. 转氨作用与嘌呤核苷酸循环偶联

这种联合脱氨方式主要集中在骨骼肌、心肌和大脑组织，同时也存在于肝脏。第一种联合脱氨方式在很大程度上是利用游离氨与糖代谢的中间产物合成非必需氨基酸，所以近来提出转氨作用与嘌呤核苷酸循环偶联脱氨，是人体内脱氨的主要方式。实验证明脑组织中有 50％的氨是经此途径产生的。

具体过程有以下步骤。

(1) 在天冬氨酸转氨酶的作用下，草酰乙酸的酮基与谷氨酸的氨基互换，生成天冬氨酸和 α-酮戊二酸。

(2) 在腺苷酸代琥珀酸合成酶的作用下，天冬氨酸与次黄嘌呤核苷酸（IMP）聚合成腺苷酸代琥珀酸。后者在裂合酶的作用下，分解为延胡索酸和腺苷一磷酸（AMP）。

(3) 在腺苷酸脱氨酶的作用下，腺苷酸脱去氨基生成 IMP。

反应过程如图 8-2。

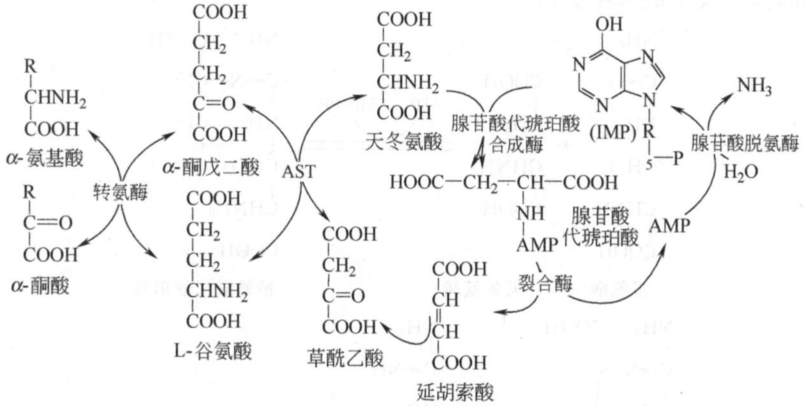

图 8-2　转氨作用与嘌呤核苷酸循环偶联

三、氨的去路

体内的氨主要来源于氨基酸的脱氨基作用，其次就是通过消化道吸收以及体内其他含氮物质分解时产生的。氨对于人体而言是剧毒物质，尤其是大脑对氨极为敏感，血液中1%的氨就可以引起中枢神经系统中毒。正常情况下，机体内氨的来源与去路保持平衡，使血液中的氨浓度低于 58.8μmol/L。氨最重要的去路就是在肝脏中合成尿素，其次是合成谷氨酰胺以及参与其他含氮物质的合成。

1. 合成尿素

尿素合成的器官是肝脏。机体内各组织中产生的氨以谷氨酰胺的形式运送到肝脏，在肝脏中谷氨酰胺酶的作用下分解出游离氨。具体合成过程如下。

（1）合成氨基甲酰磷酸　以 NH_3 和 CO_2 为原料，在氨基甲酰磷酸合成酶的作用下，生成氨基甲酰磷酸。反应发生在线粒体。

$$NH_3+CO_2+2ATP+H_2O\xrightarrow{Mg^{2+}}H_2N-\overset{\overset{\large O}{\|}}{C}-O\sim PO_3H_2+2ADP+Pi$$

氨基甲酰磷酸

（2）合成瓜氨酸　氨基甲酰磷酸和线粒体内的鸟氨酸在鸟氨酸转甲酰酶的作用下，合成瓜氨酸。

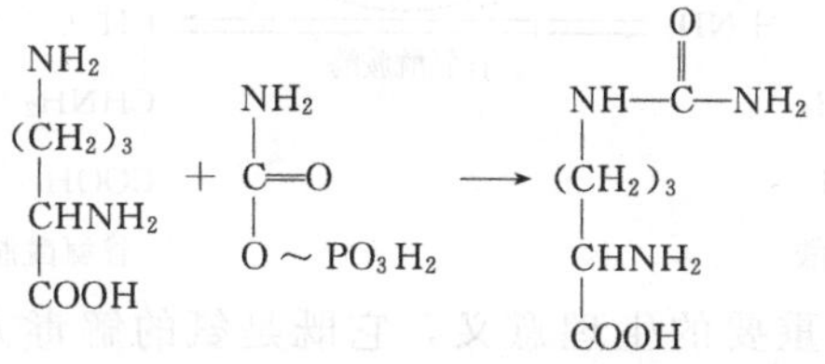

鸟氨酸　　氨基甲酰磷酸　　瓜氨酸

（3）合成精氨酸　瓜氨酸在线粒体内合成后，经线粒体膜载体转运至细胞液中。在精氨酸代琥珀酸缩合酶的作用下，与天冬氨酸缩合成精氨酸代琥珀酸。后者在裂合酶的作用下，裂解为精氨酸和延胡索酸。其中延胡索酸可经三羧酸循环生成草酰乙酸，而后经天冬氨酸转氨酶的催化又生成天冬氨酸。

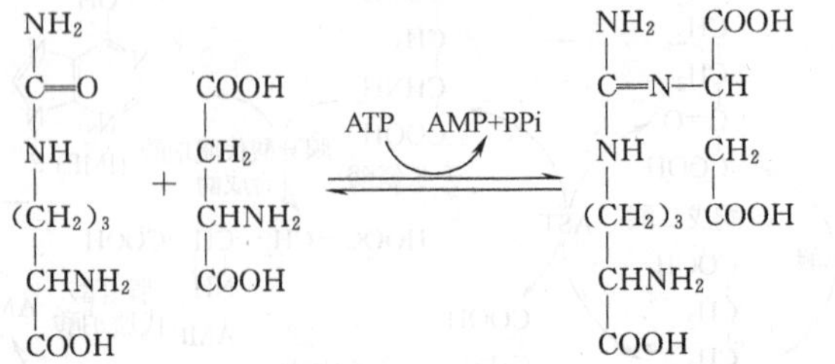

瓜氨酸　天冬氨酸　精氨酸代琥珀酸

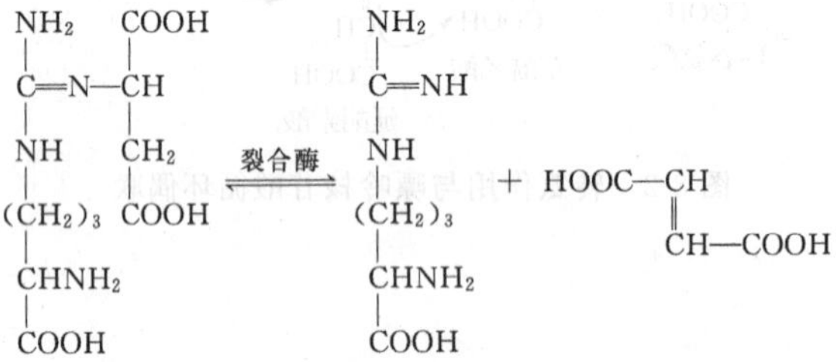

精氨酸　延胡索酸

(4) 尿素的生成　在精氨酸酶的作用下，精氨酸水解成为尿素和鸟氨酸。鸟氨酸再继续参与上述过程，形成一个尿素生成的循环。

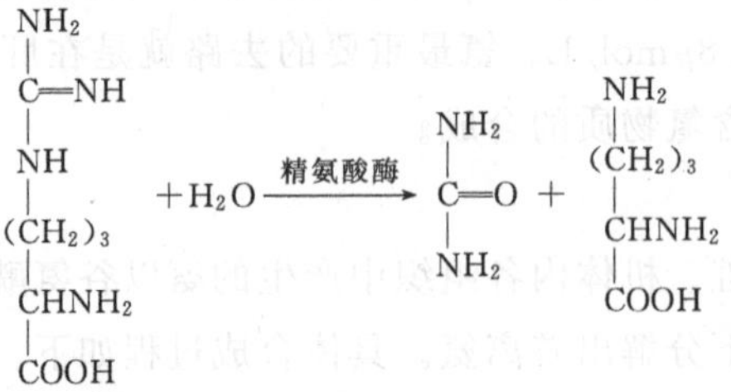

精氨酸　尿素　鸟氨酸

现将尿素合成过程小结如图 8-3。

2. 合成谷氨酰胺

催化谷氨酰胺合成的酶主要存在于脑、肝脏和骨骼肌等组织中，其合成过程如下：

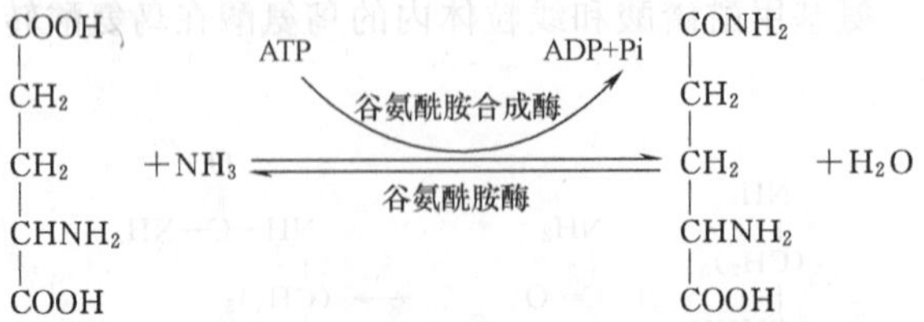

谷氨酸　谷氨酰胺

谷氨酰胺的合成具有重要的生理意义，它既是氨的解毒方式之一，也是氨的运输和贮存形式。生成的谷氨酰胺可参与体内嘌呤、嘧啶和一些氨基酸的合成；在肾脏，谷氨酰胺在谷氨酰胺酶的水解作用下，释放出氨，与肾小管中的酸结合生成铵盐随尿排出，是尿氨的主要来源，同时排出体内的酸，从而起到调节机体酸碱平衡的

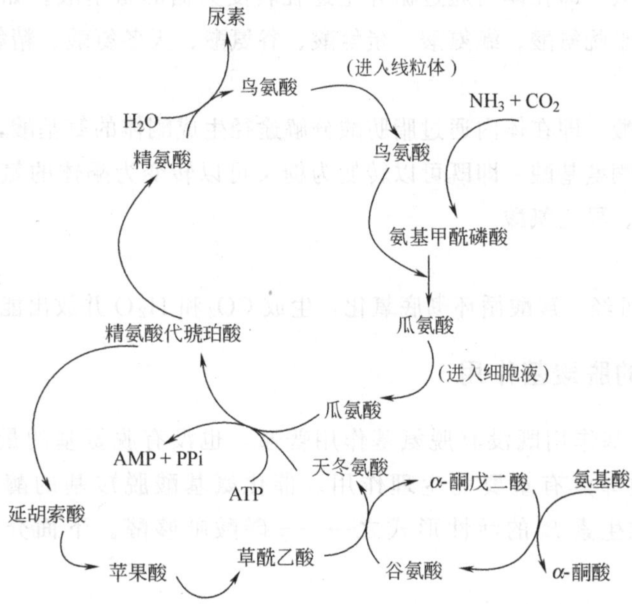

图 8-3 尿素合成过程

作用。

体内的氨通过上述途径转变成为无毒的尿素和谷氨酰胺，其中尿素的生成是氨的主要去路，尿素最终经尿排出体外。若肝脏功能严重受损，尿素合成障碍，导致血氨升高，从而引起氨中毒——患者语言紊乱、视力模糊，机体发生一种特有的震颤，严重者昏迷而死亡。由于氨中毒因肝脏疾患而引起，所以又称肝昏迷。其机制目前尚没有完全阐明。一般认为，脑细胞线粒体可将氨与α-酮戊二酸生成谷氨酸。

$$NH_4^+ + \alpha\text{-酮戊二酸} + NADPH + H^+ \longrightarrow \text{谷氨酸} + NADP^+ + H_2O$$

此反应一方面消耗了大量α-酮戊二酸，从而破坏了三羧酸循环的正常进行，脑组织中ATP生成减少，造成大脑功能障碍；另一方面，对NADPH的大量消耗，严重影响了需要还原力的反应的正常进行。临床上，常用谷氨酸、精氨酸和鸟氨酸促进尿素的合成，以降低血氨浓度。

四、α-酮酸的代谢

氨基酸脱去氨基后生成α-酮酸，不同的氨基酸生成的α-酮酸也不同，它们在体内的代谢途径如下。

1. 合成非必需氨基酸

转氨作用是可逆过程，在体内氨基酸过剩时，则脱氨作用加强；在体内需要氨基酸时，α-酮酸的氨基化作用加强。此时的α-酮酸既可以是氨基酸脱氨基作用后生成的，也可以是糖代谢的中间产物，如丙酮酸、α-酮戊二酸和草酰乙酸等。

2. 转变为糖及脂类

根据氨基酸在体内的转化情况，可以将氨基酸分为以下3类。

（1）生糖氨基酸　即在体内通过糖异生途径转变为糖的氨基酸。如甘氨酸、丙氨酸、丝氨酸、苏氨酸、半胱氨酸、缬氨酸、蛋氨酸、谷氨酸、天冬氨酸、精氨酸、色氨酸、脯氨酸和组氨酸。

（2）生酮氨基酸　即在体内通过脂肪酸分解途径生成酮体的氨基酸，如亮氨酸。

（3）生糖兼生酮氨基酸　即既可以转变为糖又可以转变为酮体的氨基酸。如酪氨酸、苯丙氨酸、赖氨酸、异亮氨酸。

3. 氧化供能

α-酮酸在体内可经三羧酸循环彻底氧化，生成 CO_2 和 H_2O 并放出能量。

五、氨基酸的脱羧基作用

氨基酸的脱羧基作用既没有脱氨基作用普遍，也没有脱氨基的量大。但是脱羧基后生成的胺类物质却具有重要的生理作用。催化氨基酸脱羧基的酶称为氨基酸脱羧酶，其辅酶均为维生素 B_6 的活性形式之一——磷酸吡哆醛。下面介绍几种重要的脱羧基反应。

1. 谷氨酸的脱羧基作用

谷氨酸在其脱羧酶的作用下，脱去羧基生成 *γ*-氨基丁酸（GABA）。

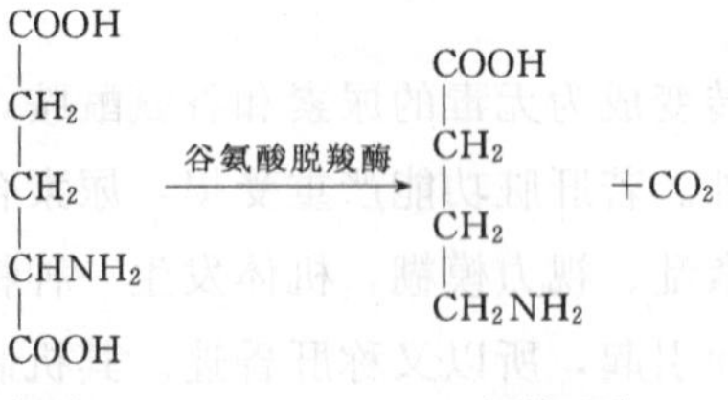

谷氨酸　　γ-氨基丁酸

脑细胞内谷氨酸脱羧酶活性较高，其脱羧基后的产物 *γ*-氨基丁酸是中枢神经系统内的抑制性递质。临床上用维生素 B_6 治疗小儿抽搐，其原理就是维生素 B_6 是谷氨酸脱羧酶的辅酶，能促进 *γ*-氨基丁酸的生成。

2. 组氨酸的脱羧基作用

组氨酸在其脱羧酶的作用下，脱去羧基生成组胺。

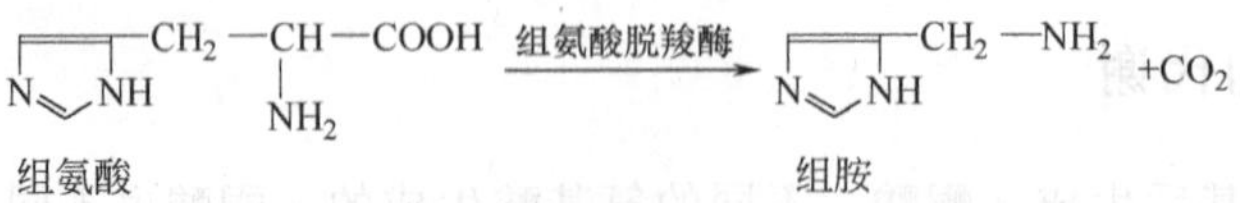

组氨酸　　组胺

组胺在体内的作用可通过两种不同的受体显示出来，这就是 H_1 受体和 H_2 受体。组胺与 H_1 受体结合将使平滑肌收缩和促进儿茶酚胺的释放，过敏反应的一些症状如红肿、瘙痒等与此作用有关。所以临床上常用抗 H_1 受体拮抗剂如苯海拉明治疗过敏症状。组胺与 H_2 受体结合将导致心率增快和促进胃酸分泌。临床上常用 H_2 受体拮抗剂如雷尼替丁治疗消化性溃疡。

3. 酪氨酸的脱羧基作用

酪氨酸经羟化后生成 L-多巴，然后经脱羧生成多巴胺（DA）。

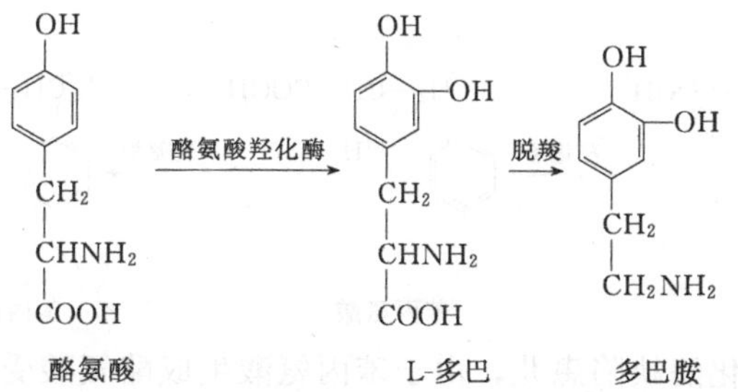

震颤麻痹的发病机制就与大脑内多巴胺合成减少有关，但外源性多巴胺不能直接进入大脑，所以临床上常用L-多巴（可以进入大脑）治疗震颤麻痹，L-多巴在脑细胞内脱羧生成多巴胺。多巴胺还是体内合成去甲肾上腺素和肾上腺素的前体。

六、胺的分解

由于胺类物质在体内有特殊的生理活性，因此，体内产生的胺和经肠道吸收的胺若积蓄过多，就会引起神经系统和心血管系统等的功能紊乱。但在体内广泛存在着胺氧化酶，能使胺类物质发挥生理效应后迅速氧化灭活。

$$RCH_2NH_2 + O_2 + H_2O \xrightarrow{\text{胺氧化酶}} \underset{\text{醛}}{RCHO} + H_2O_2 + NH_3$$

$$RCHO + 1/2O_2 \xrightarrow{\text{醛氧化酶}} RCOOH \longrightarrow CO_2 + H_2O + ATP$$

第三节 个别氨基酸的代谢

1. 氨基酸与一碳单位

所谓一碳单位就是含一个碳原子的基团，也称为一碳基团，如甲基（$—CH_3$）、亚甲基（$—CH_2—$）、次甲基（$—CH═$）、甲酰基（—CHO）、羟甲基（$—CH_2OH$）和亚氨甲基（$—CH═NH$）等。

能够在代谢过程中产生一碳基团的氨基酸有甘氨酸、组氨酸、丝氨酸和蛋氨酸等。一碳单位从氨基酸释出后不能独立存在，必须与载体结合后才能参与代谢。其载体有两种：四氢叶酸（FH_4）和*S*-腺苷蛋氨酸。

一碳单位的代谢与体内许多重要化合物的合成息息相关。四氢叶酸携带的一碳单位参与嘌呤碱和嘧啶碱的合成，而嘌呤碱和嘧啶碱又与核酸的合成密不可分。*S*-腺苷蛋氨酸携带的一碳单位是甲基化反应的甲基来源，生物体内合成的胆碱、肌酸和肾上腺素都是由*S*-腺苷蛋氨酸提供甲基。

先天性一碳单位代谢障碍多见于小儿，由于嘌呤、嘧啶的合成受阻，引起不可逆的脑损害，导致智障，并伴有巨幼红细胞性贫血。此外，长期服用苯巴比妥、异烟肼和对氨基水杨酸等，也会造成体内一碳单位代谢障碍。

2. 苯丙氨酸与苯丙酮尿症

苯丙氨酸在羟化酶的作用下，可转化成酪氨酸；若在转氨酶的作用下，则生成苯丙酮酸。

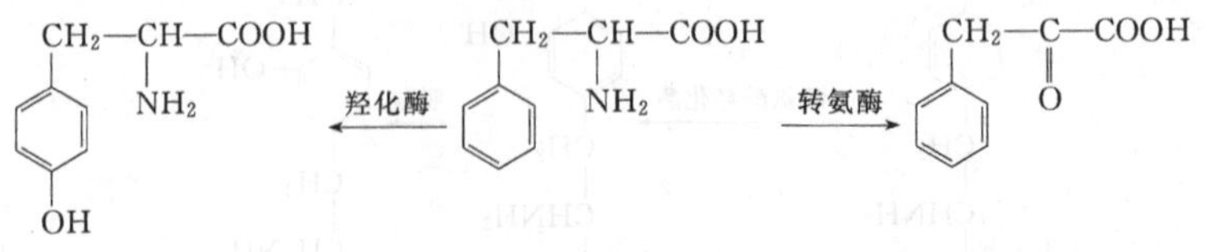

酪氨酸　　苯丙氨酸　　苯丙酮酸

先天性苯丙氨酸羟化酶缺陷患儿，由于苯丙氨酸生成酪氨酸受阻，故生成苯丙酮酸增多，因此苯丙酮酸在尿中排泄也增加，故称苯丙酮尿症。此病以智力发育障碍为主。

3. 酪氨酸与白化病

在氨基酸脱羧基作用一节中已经叙述了酪氨酸经脱羧基作用后产生的胺类物质的重要生理作用。酪氨酸在体内还能生成黑色素，其关键酶是酪氨酸酶，若先天性酪氨酸酶缺乏，黑色素不能合成，则皮肤、毛发呈白色，称为白化病。

习　题

1. 名词解释

氮平衡、蛋白质的互补作用、必需氨基酸、转氨作用、一碳单位

2. 蛋白质具有哪些营养作用？

3. 氨基酸的脱氨基方式有几种？各有什么意义？在脱氨基过程中，哪种维生素起重要作用？

4. 氨的去路有几条？最重要的去路是什么？

5. 尿素是如何生成的？

6. 胺类生成的意义是什么？

（王建新）

第九章　核酸代谢和蛋白质合成

核酸是生物体内重要的遗传物质。其基本组成单位是核苷酸。核酸在生物体内的代谢过程包括核酸的合成代谢和核酸的分解代谢。

临床所使用的一些抗癌药物（5-氟尿嘧啶等）就是通过抑制核酸的代谢而发挥作用。因此，熟悉、掌握核酸代谢的相关知识，对于分析某些疾病的发生机制或药物的作用机理都有帮助。

第一节　核酸的分解代谢

一、核酸的降解作用

生物体内存在多种形式的酶可以水解核酸。主要有脱氧核糖核酸酶（DNA 酶）、

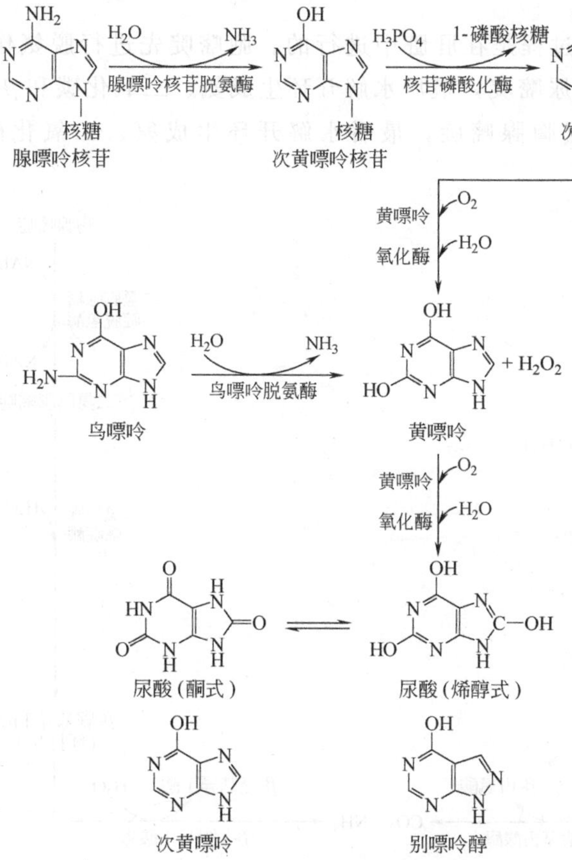

图 9-1　嘌呤的分解代谢

核糖核酸酶（RNA 酶）、核酸内切酶和核酸外切酶。在这些酶的作用下，可将核酸结构中的磷酸二酯键破坏，将核酸水解为核苷酸。核苷酸又可以在体内核苷酸酶的催化下分解为核苷和磷酸。核苷在核苷酶的作用下进一步水解为碱基（嘌呤或嘧啶）和戊糖。

二、嘌呤的分解

嘌呤在生物体内的分解主要是在脱氨酶的催化下进行脱氨基作用。腺嘌呤脱氨生成次黄嘌呤，鸟嘌呤脱氨生成黄嘌呤。次黄嘌呤和黄嘌呤在黄嘌呤氧化酶的作用下生成尿酸（图 9-1）。

尿酸是人体内嘌呤分解代谢的最终产物，以钠盐或钾盐的形式随尿液排出体外。正常人血浆中尿酸的含量为 0.12～0.36mmol/L。由于尿酸的溶解度很低，如果人体内嘌呤的分解代谢过于旺盛，生成尿酸的量过多或不能排泄，当血浆中尿酸的含量超过 0.476mmol/L 时，尿酸盐就会以结晶的形式沉淀于关节、软组织、软骨等处，从而引发痛风症。因为别嘌呤醇的化学结构与次黄嘌呤相似，所以，根据酶的竞争性抑制剂作用原理，临床上常用别嘌呤醇治疗痛风症。

三、嘧啶的分解

人体内嘧啶的分解过程是在肝脏中进行的。胞嘧啶先进行脱氨作用生成尿嘧啶，再通过加氢还原为二氢尿嘧啶，最后水解开环生成氨、二氧化碳和 β-丙氨酸。胸腺嘧啶通过加氢还原为二氢胸腺嘧啶，最后水解开环生成氨、二氧化碳和 β-氨基异丁酸（图 9-2）。

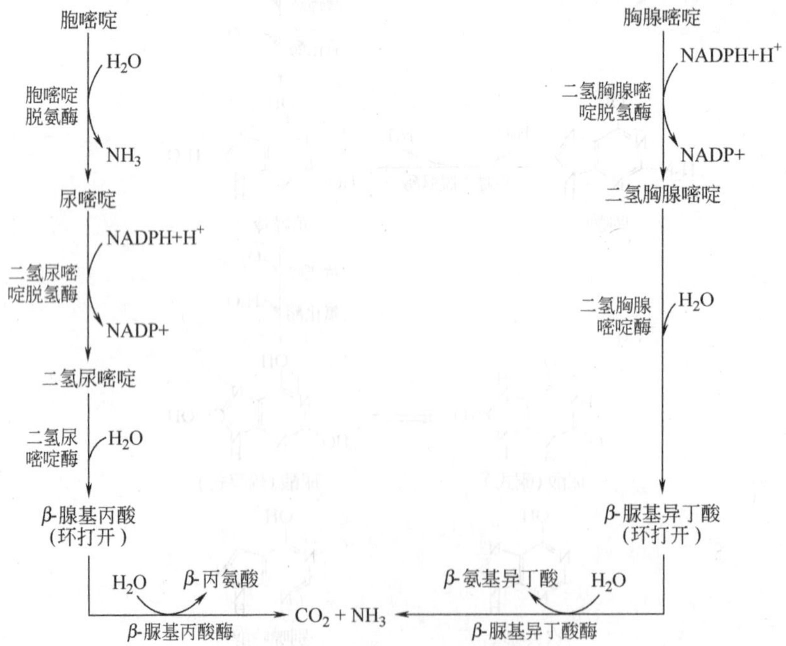

图 9-2 嘧啶的分解代谢

嘧啶分解过程产生的二氧化碳经呼吸作用排出体外；产生的氨经鸟氨酸循环参与尿素的合成；产生的β-丙氨酸和β-氨基异丁酸在体内分别转化为乙酰辅酶A和琥珀酰辅酶A，经三羧酸循环进一步代谢。

第二节　核酸的合成代谢

一、核苷酸的合成

（一）核糖核苷酸的合成

在生物体内，有两种途径可以合成核糖核苷酸：一种是利用一些简单化合物从头合成，称为从头合成途径；另一种是利用游离碱基或核苷合成，称为补救合成途径。

1. 从头合成途径

从头合成途径是指生物体利用某些氨基酸、二氧化碳、一碳单位和5-磷酸核糖等简单化合物合成核苷酸的过程。催化这一过程的酶主要存在于肝脏中。

嘌呤核苷酸的合成过程是先由5-磷酸核糖与ATP反应生成5-磷酸核糖焦磷酸（PRPP），再以5-磷酸核糖焦磷酸为基础，逐步接受由某些氨基酸、二氧化碳、一碳单位

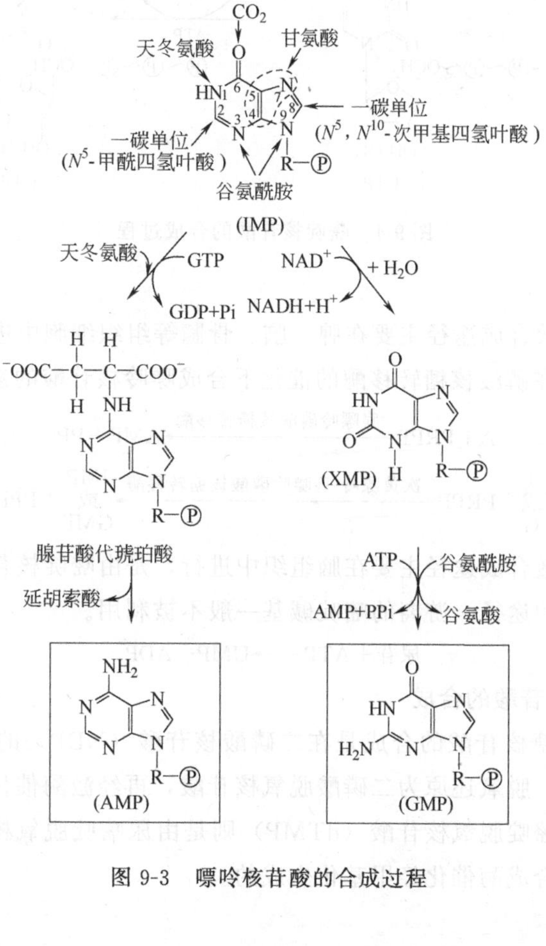

图9-3　嘌呤核苷酸的合成过程

提供的碳原子和氮原子，形成嘌呤环。先形成次黄嘌呤核苷酸（IMP）。由次黄嘌呤核苷酸通过转化为腺苷酸代琥珀酸，形成腺嘌呤核苷酸（AMP）；由次黄嘌呤核苷酸通过转化为黄嘌呤核苷酸（XMP），形成鸟嘌呤核苷酸（GMP）(图 9-3)。

嘧啶核苷酸的合成过程是先由氨基甲酰磷酸和天冬氨酸形成嘧啶环，再与活化的 5-磷酸核糖结合形成嘧啶核苷酸。最先形成尿苷一磷酸（UMP），再转化为尿苷二磷酸（UDP）、尿苷三磷酸（UTP）。尿苷三磷酸再通过氨基化，可生成胞苷三磷酸（CTP）(图 9-4)。

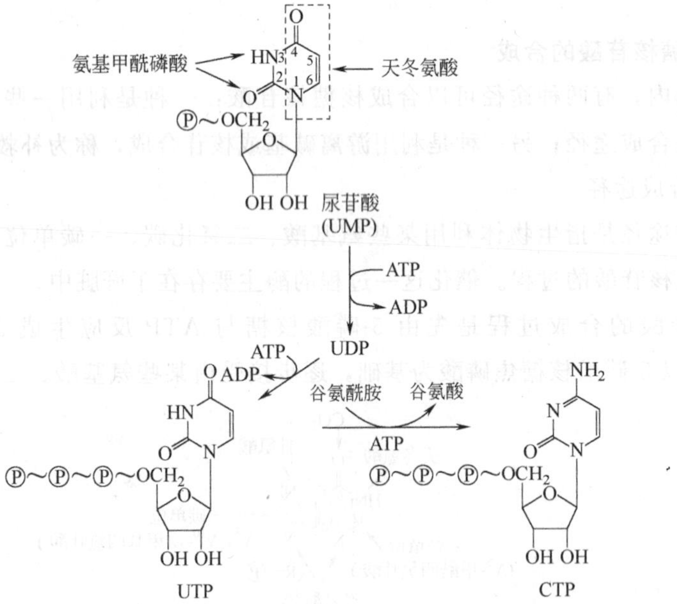

图 9-4 嘧啶核苷酸的合成过程

2. 补救合成途径

嘌呤核苷酸的补救合成途径主要在脾、脑、骨髓等组织细胞中进行，是由游离的碱基和 5-磷酸核糖焦磷酸在磷酸核糖转移酶的催化下合成嘌呤核苷酸的途径。

$$\text{A}+\text{PRPP}\xrightarrow{\text{腺嘌呤磷酸核糖转移酶}}\text{AMP}+\text{PPi}$$

$$\begin{matrix}\text{I}\\ \text{或}\\ \text{G}\end{matrix}+\text{PRPP}\xrightarrow{\text{次黄嘌呤-鸟嘌呤磷酸核糖转移酶}}\begin{matrix}\text{IMP}\\ \text{或}\\ \text{GMP}\end{matrix}+\text{PPi}$$

嘧啶核苷酸的补救合成途径主要在脑组织中进行，是由嘧啶核苷在嘧啶核苷激酶的催化下合成嘧啶核苷酸的途径。游离的嘧啶碱基一般不被利用。

$$\text{尿苷}+\text{ATP}\longrightarrow\text{UMP}+\text{ADP}$$

(二) 脱氧核糖核苷酸的合成

生物体内脱氧核糖核苷酸的合成是在二磷酸核苷酸（NDP）的基础上，通过二磷酸尿苷酸还原酶的催化，脱氧还原为二磷酸脱氧核苷酸，再经激酶催化可转化为三磷酸脱氧核苷酸。但是，胸腺嘧啶脱氧核苷酸（dTMP）则是由尿嘧啶脱氧核苷酸（dUMP）在一磷酸水平通过胸苷酸合成酶催化经甲基化生成的。

（三）核苷酸的抗代谢物

人工合成的某些化合物（嘌呤和嘧啶类似物、叶酸类似物、氨基酸类似物）与生物体内核苷酸合成过程中的某些中间产物在结构上存在相似性，因此，可以抑制体内核苷酸的合成，进一步影响核酸的合成。主要用于抑制肿瘤细胞和病毒的增殖，临床上可用作肿瘤化疗药物。

嘌呤类似物 6-巯基嘌呤（6-MP）的化学结构与次黄嘌呤的化学结构具有相似性，可竞争次黄嘌呤-鸟嘌呤磷酸核糖转移酶的活性中心，从而抑制 IMP 和 GMP 的补救合成途径，进一步阻止 AMP 和 GMP 的合成。

嘧啶类似物 5-氟尿嘧啶（5-FU）可以脱氧核糖核苷酸（5-FdUMP）的形式阻止胸腺嘧啶核苷酸的合成，从而抑制 DNA 的合成；还可以核糖核苷酸（5-FUMP）的形式破坏 RNA 的结构。

叶酸类似物氨基蝶呤和甲氨蝶呤可竞争二氢叶酸还原酶的活性中心，从而阻止叶酸转化为四氢叶酸，使一碳单位缺乏载体而不能正常参与核苷酸的合成代谢。

氨基酸类似物重氮乙酰丝氨酸与嘌呤核苷酸的合成原料谷氨酰胺结构相似，可干扰嘌呤核苷酸中嘌呤环的合成。

二、DNA 的复制

在生物体内以 DNA 作为模板指导 DNA 的合成过程，称为 DNA 的复制。通过此过程，可将遗传信息准确地传递给子代，使子代获得与亲代完全相同的 DNA 数量和结构。

细胞内 DNA 的复制方式是半保留复制。即复制时，先将亲代 DNA 分子的双链结构解链分为两条单链，以两条单链为模板，按照碱基互补配对原则，分别合成一条互补链。亲代 DNA 分子中的一条链与新合成的相应的互补链通过氢键连接，形成子代 DNA 分子结构中的双链结构。一个亲代 DNA 分子通过复制过程产生了两个完全相同的子代 DNA 分子。子代 DNA 分子结构中的双链一条是亲代保留的，另一条是新合成的，所以称为半保留复制（图 9-5）。

1. 复制的条件

（1）亲代 DNA 分子复制前必须先解螺旋和解链，形成两条单链的形式。

（2）复制过程需要 4 种脱氧核苷酸（dATP、dGTP、dCTP、dTTP）作为原料参与。

（3）复制过程需要酶的参与。

（4）复制过程需要引物（10～100nt 组成的 RNA 片段）引导。

2. 复制过程需要的酶

DNA 的复制过程非常复杂，需要一些酶或因子的参与，主要包括以下几种形式。

（1）拓扑异构酶　主要作用是解开 DNA 的超螺旋结构，使 DNA 分子转变成松弛状态。

（2）解链酶　破坏氢键，使 DNA 双螺旋结构中的两条互补链断开，形成单链的形式。

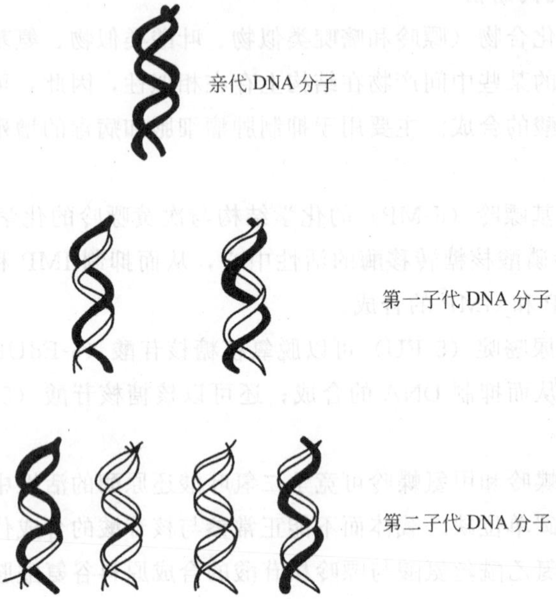

图 9-5 DNA的半保留复制

(3) DNA结合蛋白 当DNA双螺旋结构中的两条互补链断开后，为避免重新结合，DNA结合蛋白可与两条单链结合，以维持两条单链的模板状态。

(4) 引物酶 DNA的复制首先需要一小段RNA链作为引物。引物酶的作用是催化引物的形成。

(5) DNA聚合酶 该酶的作用是在DNA的指导下，以4种脱氧核苷酸为原料，按照碱基互补配对原则，将脱氧核苷酸逐个加入到DNA片段的3′-OH端，并催化脱氧核苷酸之间形成磷酸二酯键。

(6) DNA连接酶 DNA复制过程中，有一条模板链指导合成的是断续的DNA片段（冈崎片段），DNA连接酶的作用就是通过磷酸二酯键将相邻的DNA片段连接起来。

3. DNA的复制过程

(1) 复制的起始 DNA双螺旋结构经解旋、解链后，DNA单链与DNA结合蛋白结合，在特定的复制点形成复制叉，在引物酶的作用下，以DNA为模板，合成出一小段RNA引物，完成起始过程。

(2) 复制的延伸 RNA引物合成后，在两条模板链的指导下，DNA聚合酶催化脱氧核苷酸按照碱基互补配对原则在RNA引物的3′-OH端逐个聚合，沿5′→3′方向合成出两条新的DNA链。合成过程中，一条链是连续的，与复制叉方向一致，称为前导链；一条链是不连续的，与复制叉方向相反，称为随后链。

(3) 复制的终止 随后链中形成的冈崎片段在DNA聚合酶的作用下，切除引物，并填补空隙；再通过DNA连接酶的作用，利用磷酸二酯键将片段之间的小缺口结合起来，形成连续的子链。前导链中引物被水解后遗留的空隙，也可通过DNA聚合酶填补，再通过 DNA 连接酶连接缺口。DNA 聚合酶能及时切除错配的碱基，使 DNA 的复制有高度的准确性，保证遗传信息的正常传递。

DNA 的复制过程可参见图 9-6。

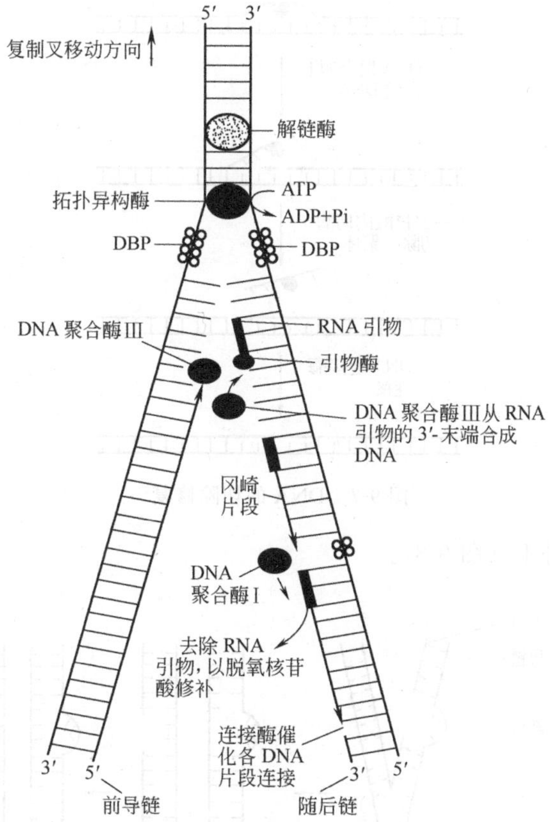

图 9-6　DNA 的复制过程

4. DNA 的修复

某些物理和化学因素能使 DNA 在复制过程中发生碱基的改变，称为 DNA 的损伤，从而造成 DNA 结构的破坏，导致基因突变。

引起 DNA 损伤的物理因素主要有紫外线、辐射、化学诱变剂等，化学因素主要有抗生素、烷化剂、亚硝胺等。

DNA 损伤的修复方式包括如下几种。

(1) 光复活　生物体内存在光复活酶，受可见光激活后，可使嘧啶二聚体解聚，修复损伤的 DNA。

(2) 切除修复　在酶的作用下，对 DNA 的损伤部位进行切除，再以完好的互补链为模板进行正确合成，以替代切除部分，修复损伤（图 9-7）。

(3) 重组修复　在不切除损伤部位的前体下，进行复制。由于损伤部位失去模板作用，使子代 DNA 链出现缺失，另一条亲代 DNA 链可与子代 DNA 链进行重组交换，将缺口补上。亲代 DNA 链的缺口在 DNA 聚合酶和连接酶的作用下，以子代 DNA 链为模

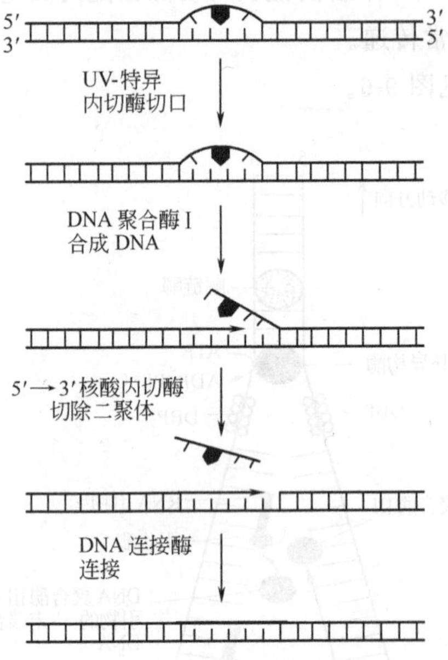

图 9-7　DNA 的切除修复

板进行复制，将缺口补上（图 9-8）。

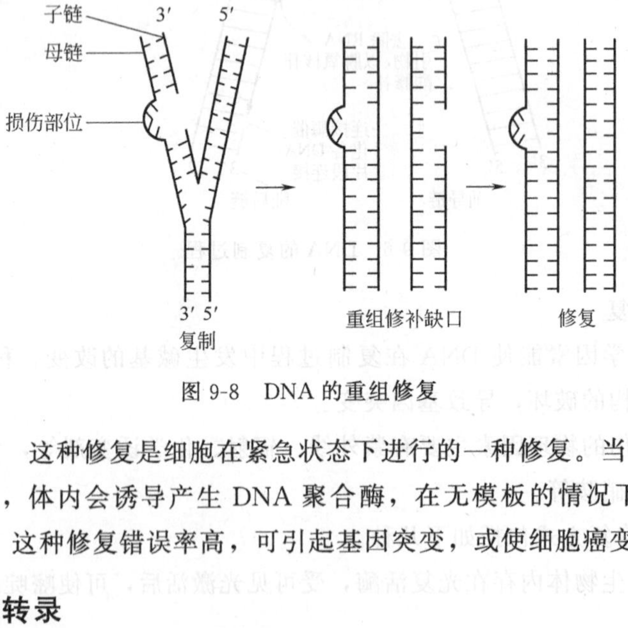

图 9-8　DNA 的重组修复

(4) SOS 修复　这种修复是细胞在紧急状态下进行的一种修复。当 DNA 复制过程中缺少模板而停止时，体内会诱导产生 DNA 聚合酶，在无模板的情况下，催化空缺部位 DNA 的修复合成。这种修复错误率高，可引起基因突变，或使细胞癌变。

三、RNA 的转录

1. 转录的含义

转录是指以 DNA 链为模板，以三磷酸核苷为基本原料，在 RNA 聚合酶的催化下，合成一条与 DNA 链互补的 RNA 链的过程。转录的过程就是生物体内遗传信息由 DNA 传递给 RNA 的过程

2. 转录的酶及因子

参与RNA转录的酶主要是RNA聚合酶，又称DNA指导的RNA聚合酶。原核生物细胞中的RNA聚合酶由4种不同的亚基（α、β、β′、σ）组成；真核生物细胞中的RNA聚合酶有3种形式，称为RNA聚合酶Ⅰ、RNA聚合酶Ⅱ、RNA聚合酶Ⅲ。

在一些原核生物细胞中，还存在有ρ因子，与RNA合成的终止有关。

3. 转录的过程

RNA的转录过程包括起始阶段、延长阶段、终止阶段（图9-9）。

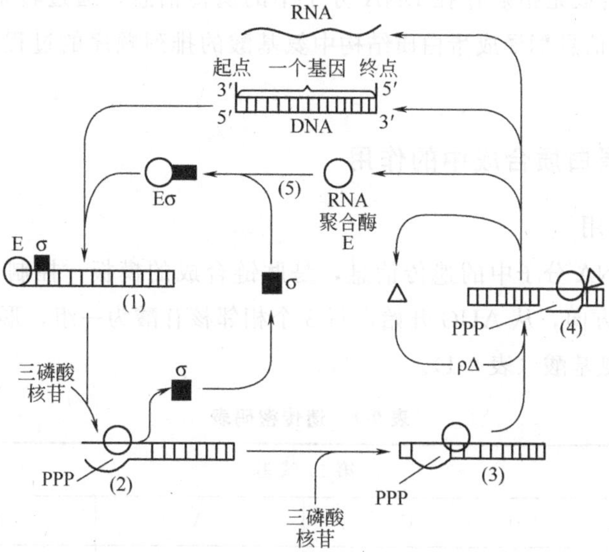

图9-9　RNA的转录过程示意

（1）起始因子σ辨认起始位点；（2）σ的释放及循环；（3）RNA链延长；（4）终止因子ρ与DNA结合，转录终止；（5）核心酶循环使用

（1）起始阶段　RNA的转录并不是从DNA模板链的任意位置开始的，而是在某一特定部位开始。此部位称为启动子。RNA聚合酶中的σ因子（即σ亚基）具有识别转录起始点的作用。DNA双链解开成为两条单链，其中只有一条链具有转录功能，称为模板链；另一条相对应的互补链无转录功能，称为编码链。根据DNA模板链的碱基排列顺序，从转录起始点开始合成RNA。一般情况下，第一个核苷酸是ATP或GTP。

（2）延长阶段　形成第一个磷酸二酯键后，RNA聚合酶释放出σ因子，沿DNA模板链3′→5′方向滑动，按碱基互补配对原则合成出RNA，并逐渐延长。由于RNA链与DNA模板链之间形成的RNA-DNA杂交链结构松散，使RNA链很容易脱离DNA模板链，从而使模板链和编码链重新合成双螺旋。

（3）终止阶段　转录过程中，当RNA聚合酶移动到DNA模板链的终止位点时，转录过程就会停止。因为终止位点上特殊的碱基排列顺序，RNA形成特定结构（发卡结构），阻止RNA聚合酶移动。此外，ρ因子能协助RNA聚合酶识别终止位点，阻止RNA聚合酶移动，从而终止转录。

转录过程形成的 mRNA、tRNA、rRNA 是没有生物学活性的前体 RNA，必须经过剪切、拼接、修饰等进一步加工过程，才能转变成为成熟的、具有生物学活性的 RNA。

第三节 蛋白质的生物合成

蛋白质的生物合成是指贮存在 DNA 分子中的遗传信息，通过转录传递给 RNA，再由 mRNA 传递遗传信息翻译成蛋白质结构中氨基酸的排列顺序的过程。蛋白质的生物合成称为翻译。

一、RNA 在蛋白质合成中的作用

1. mRNA 的作用

mRNA 含有 DNA 分子中的遗传信息，是肽链合成的模板，控制蛋白质的合成。按 mRNA 分子 5′→3′方向，从 AUG 开始，每 3 个相邻核苷酸为一组，形成三联体密码（密码子），代表 20 种氨基酸（表 9-1）。

表 9-1 遗传密码表

5′端 第一碱基	第二碱基 U	第二碱基 C	第二碱基 A	第二碱基 G	3′端 第三碱基
U	UUU、UUC 苯丙氨酸 UUA、UUG 亮氨酸	UCU、UCC、UCA、UCG 丝氨酸	UAU、UAC 酪氨酸 UAA、UAG 终止信号	UGU、UGC 半胱氨酸 UGA 终止信号 UGG 色氨酸	U C A G
C	CUU、CUC、CUA、CUG 亮氨酸	CCU、CCC、CCA、CCG 脯氨酸	CAU、CAC 组氨酸 CAA、CAG 谷氨酰胺	CGU、CGC、CGA、CGG 精氨酸	U C A G
A	AUU、AUC、AUA 异亮氨酸 AUG 蛋氨酸	ACU、ACC、ACA、ACG 苏氨酸	AAU、AAC 天冬酰胺 AAA、AAG 赖氨酸	AGU、AGC 丝氨酸 AGA、AGG 精氨酸	U C A G
G	GUU、GUC、GUA、GUG 缬氨酸	GCU、GCC、GCA、GCG 丙氨酸	GAU、GAC 天冬氨酸 GAA、GAG 谷氨酸	GGU、GGC、GGA、GGG 甘氨酸	U C A G

遗传密码具有以下特点。

(1) 简并性　即一种氨基酸具有两种以上的密码子。密码子的简并性在于最后一个碱基不同，以减少突变的有害效应。

(2) 连续性　识别 mRNA 分子上的密码应从 5′-端起始密码开始，连续不断地向 3′-端进行，直至终止密码出现。

(3) 起始密码和终止密码　起始密码是 AUG，终止密码是 UAA、UAG、UGA。

(4) 通用性　这套密码基本上适用于自然界所有物种。

2. tRNA 的作用

在蛋白质合成过程中，tRNA 的作用是将相应的氨基酸运输到核糖体上。tRNA 依靠结构中反密码环上的反密码子，准确地按照 mRNA 分子上密码的排列顺序进行配对，使携带的氨基酸按“顺序”排队。

3. rRNA 的作用

蛋白质合成过程中，rRNA 的作用是参与组成核糖体。核糖体是生物体内合成蛋白质的场所。

二、蛋白质的合成过程

蛋白质的合成过程非常复杂，主要包括 3 个阶段。

1. 氨基酸的活化与转运

合成肽链前，氨基酸必须先经活化，形成活化氨基酸，才能和 tRNA 连接。活化过程是在氨基酰 tRNA 合成酶的催化下进行，以确保氨基酸与相应的 tRNA 正确连接，防止错误出现。

2. 核蛋白体循环

核蛋白体循环就是多肽链的形成过程。主要包括下列步骤。

(1) 起始阶段　核蛋白体的大亚基、小亚基、mRNA 与具有启动作用的氨基酰 tRNA 聚合为起始复合物。起始氨基酰 tRNA 可与起始因子结合，由起始因子携带到起始密码子 AUG 上，启动多肽链的合成。

(2) 肽链的延长　起始阶段完成后，氨基酰 tRNA 携带相应的氨基酸，按照 mRNA 的编码顺序，结合到核蛋白体上延长肽链。包括进位、转肽、脱落、移位四步反应。

(3) 肽链的终止　当核糖体滑动到 mRNA 模板的终止密码时，氨基酰 tRNA 不能与之结合。终止因子与终止密码结合，肽链的延长终止。

3. 肽链合成后的加工修饰

新合成的多肽链只具有一级结构，必须经过螺旋、卷曲、折叠形成一定的空间结构，经过加工修饰才具有一定的功能。肽链合成后的加工修饰主要有氨基酸的共价修饰和肽链的水解剪切。

习　题

1. 嘌呤碱和嘧啶碱的最终代谢产物各是什么？
2. 合成嘌呤核苷酸和嘧啶核苷酸的原料各是什么？

3. 何谓半保留复制？合成 DNA 的原料和主要的酶有哪些？
4. 何谓转录？合成 RNA 的原料和主要的酶有哪些？
5. 3 种 RNA 在蛋白质合成过程中的作用是什么？
6. 蛋白质的合成地点和合成过程各是什么？

（杨卫兵）

第十章　物质代谢的相互联系及代谢调控

生物体犹如一个巨大的、复杂的反应器，每时每刻都在进行着错综复杂的化学反应。在正常的生物体中，由于有了完善的调节机制，使各种代谢能协调地进行。越是高等的生物，其协调性越强。一旦出现不协调，就会引起各种疾病，甚至导致死亡。

第一节　新陈代谢的概念

一、新陈代谢

新陈代谢是生命的基本特征，是维持生物体的生长、繁殖、运动等生命活动的化学变化的总称，新陈代谢停止，生命也就终止了。它包括消化、吸收、中间代谢和排泄 4 个阶段。

在生命活动中，生物体总是不断地将周围的物质摄取入体内，并在体内进行合成代谢转化，使其变为自身的物质；同时又不断地通过分解代谢，将所产生的物质排出体外。在合成代谢和分解代谢过程中还包含了能量的交换作用。可见，新陈代谢是生物体与环境进行物质交换及伴随物质交换所进行的能量交换过程。

- 新陈代谢
  - 合成代谢（同化作用）
    - 环境物质转化为自身物质（物质代谢）
    - 贮存和利用能量（能量代谢；物质代谢）
  - 分解代谢（异化作用）
    - 释放能量（能量代谢；物质代谢）
    - 自身物质转化为环境物质（物质代谢）

新陈代谢是矛盾统一的过程。矛盾之间既相互对立、相互制约，又相互联系、相互依存。

二、物质代谢及能量代谢

在新陈代谢的过程中，包括了物质交换和能量交换的过程。通常将生物体与外界环境进行物质交换的过程称为物质代谢。在这一过程中，生物体从环境中摄取物质，在体内消化、吸收，并进行一系列的转化作用（中间代谢）。在转化过程中，生物体会将部分物质转化为自身物质，同时又会把部分自身物质进行分解。最终将没有吸收、利用或分解的物质排出体外。

在物质交换的过程的同时伴随着能量变化。通常把生物体与周围环境间的能量交换和体内能量转移的过程称为能量代谢。能量代谢是伴随着物质代谢进行的。生物体将环境物质转化为自身物质的同时，利用和贮存了环境供给的能量；在自身物质分解并释放到环境的同时，又将能量重新释放到环境。由此形成了交换过程。

在医学上，与能量代谢密切相关的一个概念是基础代谢。它是指人体在清醒安静的状态中，在没有食物的消化与吸收作用的情况下，在适宜温度下所消耗的能量。此时所消耗的能量主要用于维持人体各器官的正常运转。正常人维持一天（24h）基础代谢所需消耗的能量约是 5900～7500kJ，5900～7500kJ/24h 这一数值也称为基础代谢率。

三、同化作用和异化作用

在新陈代谢过程中，生物体将环境物质转换成自身物质，并贮存能量的过程，称为同化作用。这是把外界物质及能量转变为自身结构物的过程。与此相反，在新陈代谢过程中，生物体将自身物质分解，释放能量并将无用的物质排出体外的过程，称为异化作用。这是把自身物质及能量给回环境的过程。可见，同化和异化两种作用是既相互矛盾、相互制约，又相互统一的过程。

四、合成代谢和分解代谢

从化学反应角度考虑，可将新陈代谢分为另外两个过程。

将环境物质转化为生物体自身物质的过程，是将小分子合成为大分子的过程，如将葡萄糖合成为糖原、将氨基酸合成为蛋白质等。此即为合成代谢，相当于同化作用。而将自身物质转化为环境物质的过程，是将大分子分解为小分子的过程，如将葡萄糖氧化为二氧化碳和水、将蛋白质分解为氨基酸等。此即为分解代谢，相当于异化作用。

在生物体内，合成代谢和分解代谢是两个作用相反，又相互依存的过程，二者是不可分割的整体。

五、中间代谢

中间代谢是指物质在细胞内的代谢过程。也即中间代谢是合成代谢和分解代谢、同化作用和异化作用一连串反应的总称。这些过程都不是一步完成的，是在体内一系列酶的催化作用下完成的。

中间代谢过程可以是直链状的，如糖的酵解反应；也可以是分叉的，如磷酸戊糖途径；也可以是成闭合环状的，如三羧酸循环。这些反应都是由多酶体系催化的，前一步反应的产物是后一步反应的起始物。在某些代谢过程中，合成代谢的起始物是分解代谢的终产物，但反应不一定是可逆的。合成代谢和分解代谢在细胞不同的位置上定位，并由不同的酶系催化。

第二节 物质代谢的相互联系

从糖类、脂类、蛋白质及核酸的代谢中可发现，体内代谢是非常复杂的，各种物质既有各自不同的代谢途径，同时各种代谢之间又有千丝万缕的相关作用。如乙酰辅酶A既是糖代谢的中间产物，也可以是脂肪和氨基酸代谢的中间产物；丙酮酸可经氨基化作用合成氨基酸，也可用于合成葡萄糖和脂肪等。这说明了体内的各种代谢不是单独进行的，而是相互联系，可以进行转化的。

一、糖类代谢与脂类代谢的相互联系

糖类物质在体内可转变为脂肪；同样，脂肪又可以部分地转化为糖。可见，糖类代谢和脂类代谢之间有着密切的关系，并可相互转化。

通常糖类转化为脂肪是很容易的。首先是由葡萄糖分解为磷酸二羟丙酮及乙酰辅酶A，并由磷酸戊糖途径产生 $NADPH+H^+$。然后，以磷酸二羟丙酮为原料，合成磷酸甘油；以乙酰辅酶A及 $NADPH+H^+$ 为原料，经脂肪酸生物合成途径合成脂肪酸（必需脂肪酸不能合成，必须由食物提供）。最后以磷酸甘油和脂肪酸为原料合成脂肪。

要使脂肪转化为糖是较为困难的。脂肪中的大部分成分是脂肪酸，当脂肪酸分解的时候，经β-氧化后产生的是乙酰辅酶A。乙酰辅酶A是不能逆向转化为丙酮酸的，它进入三羧酸循环后，被完全分解了。只有脂肪中的甘油部分可经磷酸化及氧化而产生磷酸二羟丙酮，再沿糖异生途径生成糖。但甘油仅占脂肪分子中的很少一部分。

由此可见，糖类转化为脂肪是很容易的，而脂肪转化为糖类则是较困难的。要减少体内的脂肪积存，必须控制不要过多摄入糖类物质。

二、糖类代谢与蛋白质代谢的相互联系

糖类和蛋白质在体内是可以相互转化的。

蛋白质转化为糖，必须先分解为氨基酸。氨基酸中，除亮氨酸和赖氨酸外，都可经一定反应成为糖代谢的中间产物，并通过糖异生作用生成糖。蛋白质转化为糖是一个比较容易进行的过程。

糖类物质转化为蛋白质，首先必须提供氮源（氨基）合成氨基酸。通过糖代谢可形成12种非必需氨基酸的碳链，再经还原氨基化或转氨基作用合成相应的氨基酸。但是糖类不能转化成8种必需氨基酸，即使提供充足的氨基，糖类也不可能转化为生物体内所需的完全蛋白质。必需氨基酸只能由食品提供。

三、脂类代谢与蛋白质代谢的相互联系

脂类与蛋白质在体内也是可以相互转化的。

脂类转化为蛋白质是比较困难的，生物体内也很少进行这种转化。脂肪中的甘油部分较易转化为氨基酸相应的碳链部分，可进一步转化为氨基酸和蛋白质。而脂肪中的脂肪酸部分当其氧化分解为乙酰辅酶A并进入三羧酸循环后，要转化为相应的氨基酸碳链部分则需消耗三羧酸循环中的有机酸。若提供了相应的有机酸，则可进一步转化成氨基酸和蛋白质；若没有提供相应的有机酸，则无法合成氨基酸的碳链，无法转化

为蛋白质。

蛋白质转化为脂类是很容易的，其过程与蛋白质转化为糖类物质相似。蛋白质首先分解为氨基酸，再由氨基酸相应的碳链部分转化为磷酸二羟丙酮及乙酰辅酶A，用于合成脂肪。至于蛋白质转化为类脂的情况，则可在脂肪合成的基础上加上相应的基团转化而成。如加上由丝氨酸转变而成的胆胺则可转变为脑磷脂；在脑磷脂的基础上加上由蛋氨酸给出的甲基后，则可转变为卵磷脂。

四、核酸代谢与糖代谢、脂类代谢及蛋白质代谢的相互联系

酶是生物体内的一种特殊催化剂。生物体内的一切物质代谢都离不开酶的催化作用。

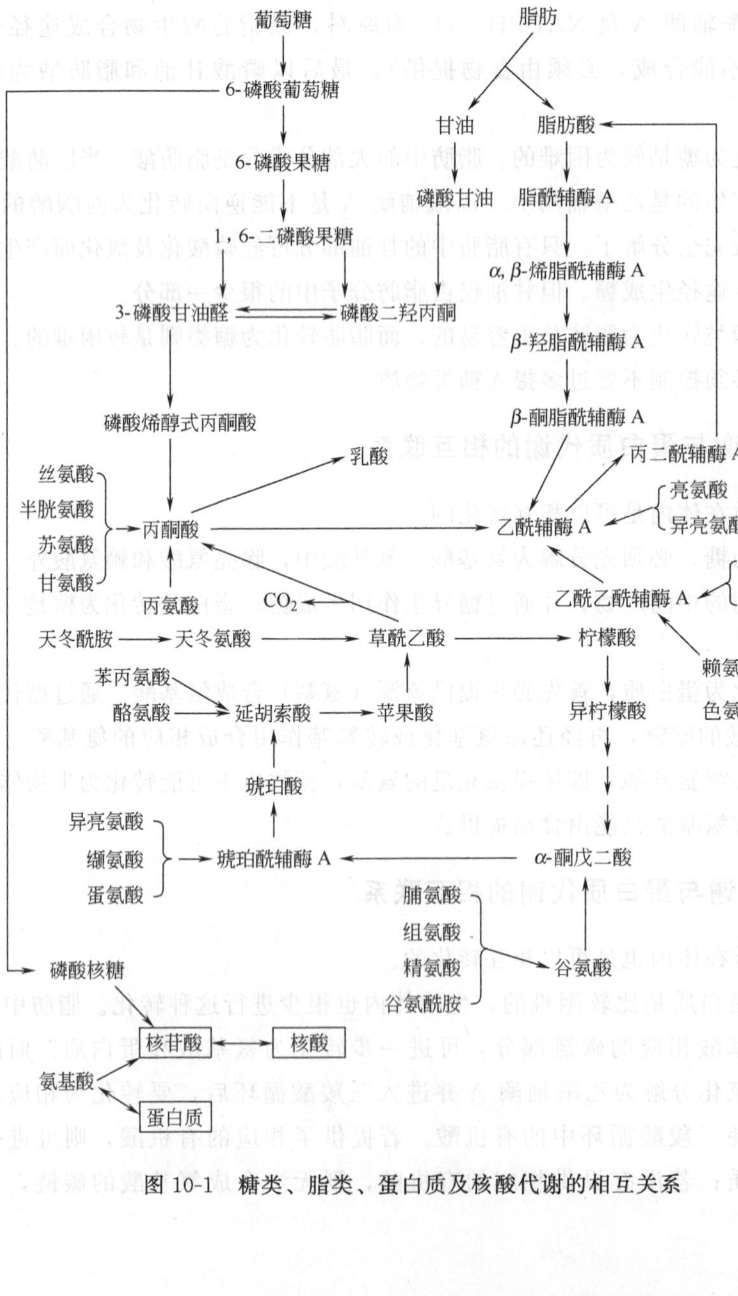

图 10-1 糖类、脂类、蛋白质及核酸代谢的相互关系

酶是一种特殊的蛋白质，而蛋白质的生物合成又离不开核酸的指导作用。可以说，核酸间接参与了生物体内的一切代谢过程。游离核苷酸中的 ATP 是生物体内的直接能源物质，一切代谢过程都需要它参与；cAMP、cGMP 是生物体代谢过程中的调节物质，参与了生物体的物质代谢过程。

在核苷酸的生物合成过程中，其糖基部分来源于磷酸戊糖，碱基中的氮源和碳源部分则来源于蛋白质中的氨基酸和氨基酸转变而来的一碳基团及物质代谢过程产生的 CO_2。在核酸的代谢过程中，同样需要各种酶的参与；在核酸的分解过程中，其中间产物也参与三羧酸循环。

综上所述，糖类、脂类、蛋白质及核酸的代谢在生物体内有着非常密切的联系，它们之间也可相互转化。现将它们的相互联系归纳如图 10-1。

第三节　代 谢 调 控

代谢调控是指细胞内的代谢速度按生物体的需要而改变的一种作用。它保证了细胞内的物质既不过多也不缺乏。生物体在正常的生理条件下，各种代谢有条不紊地进行，这是由于生物体内有一套完善的调节机制。这一调节机制一旦失去平衡，就将导致新陈代谢的异常，就会产生疾病。

生物体的调节机制，对人和高等动物来说，主要有下面 3 个层次：①细胞或酶水平调节，通过改变酶的结构和酶的含量来调节代谢速度；②激素水平调节，通过激素的作用，改变酶的活力或酶的数量，从而调节代谢速度；③整体水平综合调节，在中枢神经系统指挥下，对整体代谢进行综合性的调节。

在上述 3 个层次中，不管是哪个层次的调节，最终都离不开酶的结构及酶含量的改变。所以，细胞或酶水平的调节是最基础、最原始的调节。

一、细胞或酶水平的调节

细胞或酶水平的调节可分为以下两种。

第一，酶结构的调节：通过改变酶的结构，使代谢速度改变。

第二，酶含量的调节（基因调节）：通过改变酶的数量，使代谢速度改变。

由于酶活力的调节是通过改变现有酶的结构而达到调节的目的，所以是一种快速的短暂调节；而酶合成的调节则需通过改变酶的合成才能达到调节的目的，所以相对来说是一种慢速的持久调节。

（一）酶结构的调节

酶的结构调节有两种基本形式：某些物质与酶分子上非催化部位结合，使酶分子结构发生改变，而改变酶活力，称为酶的变构调节；增加或减少酶分子的某些基团而改变酶活力，称为酶的共价修饰调节。

1. 酶的变构调节

引起酶变构的物质统称为变构剂。使酶分子变构后活性增加的变构剂称为变构激活剂；使酶分子变构后活性降低的变构剂称为变构抑制剂。变构剂通常为代谢的中间产物或代谢的终产物。

（1）代谢中间产物引起的酶变构作用　由于生物体内有些代谢在不同的途径间存在着共同的中间产物，如在糖原的分解代谢、糖原的合成代谢及葡萄糖的分解代谢中都有 AMP、ADP 及 ATP 等共同的中间产物。这些共同的中间产物可作为酶的变构激活剂或酶的变构抑制剂，对相关代谢中的关键酶进行变构调节作用，从而使代谢协调进行，如 AMP、ADP 及 ATP 在糖的分解及合成代谢途径中就是一种很好的调节剂。如图 10-2 中，当 AMP 浓度高时，意味着体内的能源（ATP）缺少。为了增加体内的能源，一方面需加速葡萄糖的氧化及糖原的分解，以提供能源；另一方面则需减少葡萄糖转化为糖原，以保证有足够的葡萄糖参与氧化作用。而图 10-3 中，当 ATP 浓度高时，其调节作用则刚好与图 10-2 相反，是沿着有利于抑制能源（ATP）产生的途径进行调节。

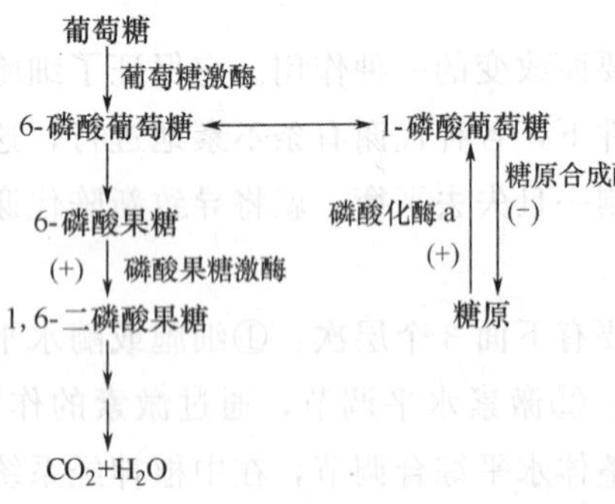

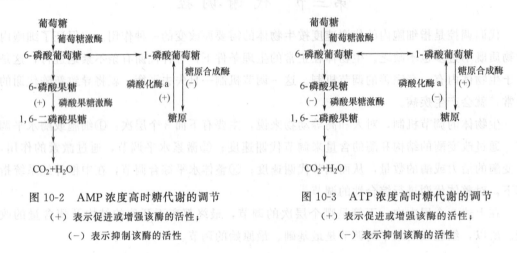

图 10-2　AMP 浓度高时糖代谢的调节

（+）表示促进或增强该酶的活性；

（−）表示抑制该酶的活性

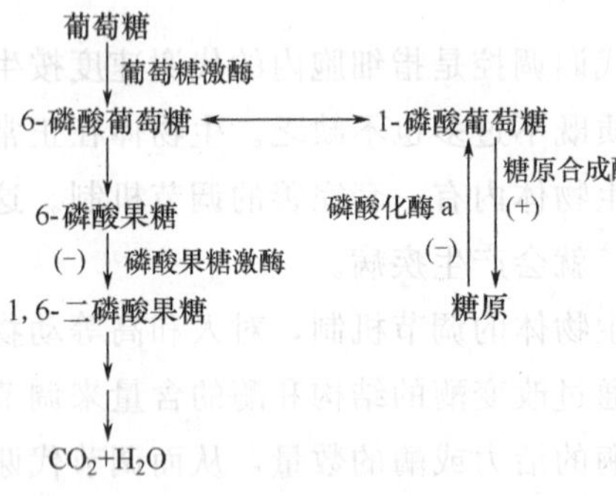

图 10-3　ATP 浓度高时糖代谢的调节

（+）表示促进或增强该酶的活性；

（−）表示抑制该酶的活性

（2）代谢终产物引起的变构调节　根据代谢最终产物的数量对初始步骤的酶活力进行调节，称为反馈抑制调节。当终产物蓄积时，抑制作用发生；而当终产物逐渐消耗，不再蓄积时，代谢速度复原，不再受到抑制。

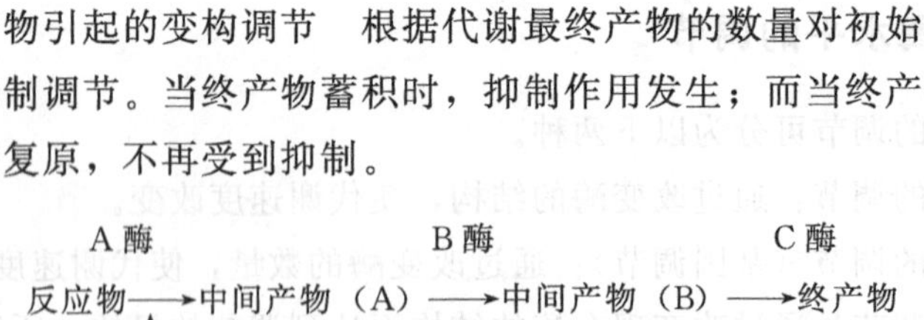

如天冬氨酸在紫球囊菌中的代谢过程可以表示为图 10-4。在这一反应中的关键酶是 β-天冬氨酰激酶。当苏氨酸积累时，可对 A 酶起抑制作用，而当赖氨酸积累时，则可对 B 酶起抑制作用。但当苏氨酸或赖氨酸单独积累时，均不能对 β-天冬氨酰激酶起抑制作用。只有在苏氨酸及赖氨酸同时积累时，才能对 β-天冬氨酰激酶起抑制作用。

2. 酶的共价修饰调节

一种酶在另一种酶的作用下，与某种化学基团进行共价结合或解离，从而改变酶的活力，称为酶的共价修饰调节。这种调节往往不是一步完成的，而是通过多级放大后，才最

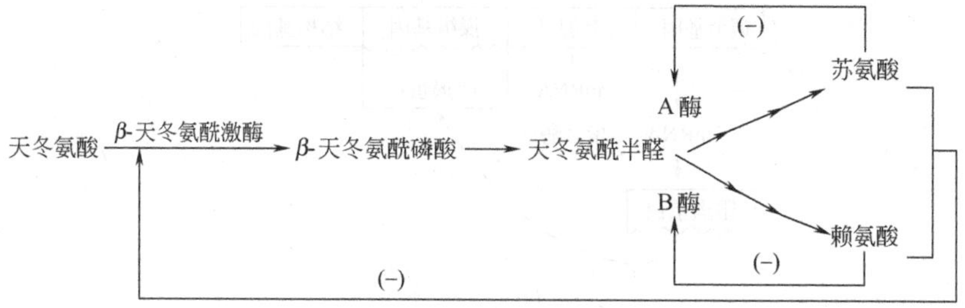

图 10-4 紫球囊菌中天冬氨酸的代谢

（一）表示抑制该酶的活性

终作用于代谢途径。因而只需很少的调节物，就可达到很强的调节效果。最常见的酶共价修饰是磷酸化/去磷酸化和腺苷酸化/去腺苷酸化。如图 10-5 为磷酸化酶 b 激酶的修饰过程。当磷酸化酶 b 激酶经磷酸化后，则从无活性状态转变为有活性状态，去磷酸后，又无活性。

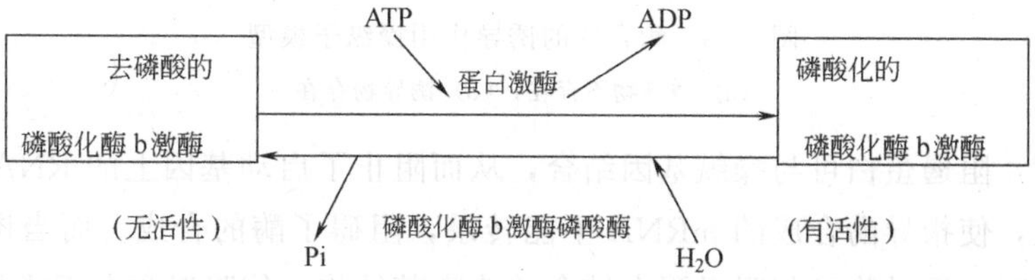

图 10-5 磷酸化酶 b 激酶共价修饰示意

（二）酶含量的调节

在生物体内的酶本身也需进行新陈代谢，不断地生成，又不断地降解。细胞或酶水平的另一种调节方式是通过改变酶的生成或降解速度来达到改变细胞内酶含量的目的。而其中最主要的是酶合成的调节。在微生物的培养过程中，人们发现把不含淀粉酶的微生物接种在以淀粉为糖原的培养基中，经一段时间培养后，培养基中的淀粉被利用了；此外发现，长期使用同一种药物会导致这种药物的药效越来越低。这些现象说明了在生物体内，有些酶的含量是十分恒定的，而有些酶的含量却是不太恒定的，受代谢物的影响，当代谢物（如上所述的淀粉、药物）存在时，酶的含量增加，并反过来使代谢物分解。人们把前者称为结构酶，而把后者称为诱导酶。酶的合成调节，指的就是诱导酶这一类酶在体内可受某些因素的影响而改变酶蛋白的合成速度，进而发生含量的变化。酶的含量发生变化，必然会导致代谢速度的改变。

酶是一种特殊的蛋白质，它的合成同样需 DNA 转录出的 mRNA 作为模板。一旦转录受阻，合成将受到抑制，反之则可大量合成。因此可以说酶的合成调节是一种基因水平的调节，可以通过操纵子模型来说明（图 10-6）。

1. 酶合成的诱导作用

酶合成的诱导作用是指酶在诱导物（一般为反应的起始物）存在的条件下诱导产生。

如图 10-6，调节基因能转录出指导阻遏蛋白合成的 mRNA，并合成阻遏蛋白。当诱

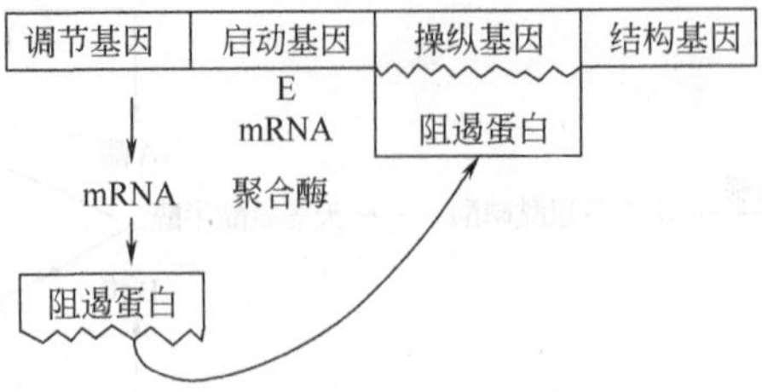

(a)

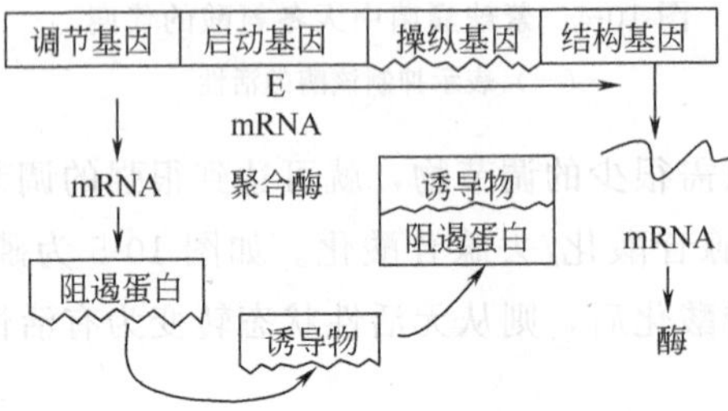

(b)

图 10-6　酶合成的诱导作用操纵子模型

(a) 诱导物不存在；(b) 诱导物存在

导物不存在时，阻遏蛋白可与操纵基因结合，从而阻止了启动基因上的 RNA 聚合酶滑动到结构基因上，使指导酶合成的 mRNA 不能转录，阻碍了酶的合成。而当诱导物（代谢起始物）存在时，诱导物可与阻遏蛋白结合并改变其结构，使阻遏蛋白不能与操纵基因结合，RNA 聚合酶可以滑动到结构基因，转录出相应的 mRNA，并指导酶的合成，使酶的含量提高，加速代谢的进行。

2. 酶合成的阻遏作用

酶合成的阻遏作用是指当阻遏物（一般为代谢的终产物）存在时，酶的合成受到阻碍。当代谢的终产物逐渐堆积时，终产物则作为阻遏物而产生阻遏作用。如图 10-7，当阻遏物不存在时，阻遏蛋白不能与操纵基因结合，使指导酶合成的 mRNA 能顺利转录，并指导酶的合成；而当阻遏物存在时，则可改变阻遏蛋白的结构，使其与操纵基因结合，从而阻碍了指导酶合成的 mRNA 的转录，使酶的合成受阻，代谢速度减慢。

在微生物体内，普遍存在着以上两种代谢调节方式。

二、激素水平的调节

人体内有一类特殊细胞，可合成一些量微，但具有强大特殊生理效应的物质，这类细胞称为内分泌腺（细胞）。由内分泌腺（细胞）所分泌的激素是调节代谢不可缺少的物质。

激素是由内分泌细胞所分泌的一类化学物质，它们直接进入血液，并对特定的细胞（靶细胞）发挥特有的作用。

激素对代谢产生调节作用时有着很强的特异性，一种激素只作用于一定的组织或细胞，并对一定的受体起作用。激素按其化学本质可分为含氮类激素和甾体类激素。含氮类

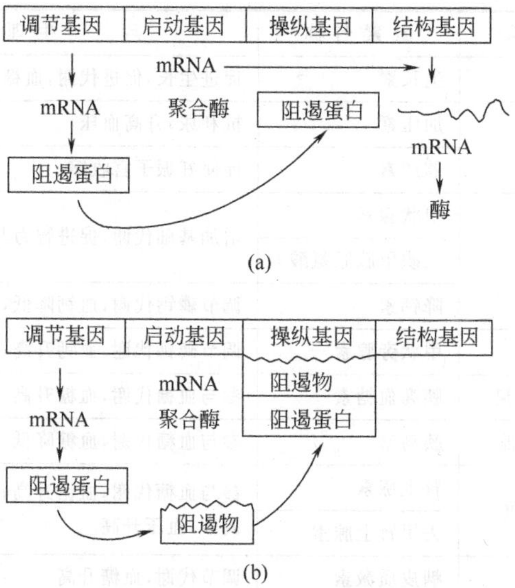

图 10-7　酶合成的阻遏作用操纵子模型

(a) 阻遏物不存在；(b) 阻遏物存在

化合物是一些水溶性的物质，而甾体类化合物则是一些脂溶性的物质。生物体的细胞膜是脂溶性膜，脂溶性的物质很容易透过，而水溶性物质则基本不能透过。这就决定了不同化学本质的激素其作用受体在细胞的定位不同。一般而言，含氮类激素的作用受体在细胞膜上定位，而甾体类激素的作用受体则在细胞内定位。也就是说，含氮类激素是通过细胞膜受体起作用的，而甾体类激素是通过细胞内的受体起作用的（表 10-1）。

1. 细胞膜受体

含氮类激素在参与代谢调节时，由于不能直接进入靶细胞内，因而只能作用于细胞膜上的受体。细胞膜上的受体有多种，其中最为人们所熟悉的一种是膜受体——cAMP 作用模式。如图 10-8，以肾上腺素通过 cAMP 作用模式调节糖代谢的原理为例加以说明。肾上腺素首先作用于细胞膜上的腺苷酸环化酶。此酶由位于细胞膜外侧的调节亚基（R）和位于细胞膜内侧的催化亚基（C）组成，其中调节亚基同时也作为激素受体而存在。当受体-激素结合后，腺苷酸环化酶就被激活，催化亚基作用于 ATP，使其转化成为 cAMP；cAMP 的调节作用要通过蛋白激酶来实现。蛋白激酶同样也是由调节亚基和催化亚基组成的。催化亚基具有使无活性的磷酸化酶进行磷酸化，同时被激活的作用，而被激活的磷酸化酶又可进一步作用于其他无活性的酶，使其被激活，直到最后才参与具体的代谢调节。显然，这样一来，激素的这一调节作用产生了级联放大效应，很少的激素就可产生较强大的调节作用。

人体的一切活动都是受中枢神经系统所支配的，因而激素的分泌也是由于接受了中枢神经系统的指令才进行的；而激素又通过使 ATP 转变为 cAMP 后，由 cAMP 去激活酶系统，从而引起各种生理生化效应。因而，可以将激素看作是传递中枢神经系统指令的第一信使，而 cAMP 则为第二信使。

表 10-1 主要激素的分类、化学本质及生理生化效应

化学本质	内分泌腺		激素名称	生理生化效应
含氮类激素	脑垂体前叶		生长素	促进生长，促进代谢，血糖升高
	脑垂体后叶		加压素	抗利尿，升高血压
			催产素	促使妊娠子宫收缩
	甲状腺		甲状腺素	增加基础代谢，促进智力与体质发育
			三碘甲腺原氨酸	
			降钙素	调节磷钙代谢，血钙降低，血磷降低
	甲状旁腺		甲状旁腺素	调节磷钙代谢，血钙升高，血磷降低
	胰岛	α-细胞	胰高血糖素	参与血糖代谢，血糖升高
		β-细胞	胰岛素	参与血糖代谢，血糖降低
	肾上腺	髓质	肾上腺素	参与血糖代谢，血糖升高；参与血压调节，血压升高
			去甲肾上腺素	
甾体类激素		皮质	糖皮质激素	调节代谢，血糖升高
			盐皮质激素	参与水盐代谢，保钠排钾
			性激素	见下列性激素
	性腺	睾丸	睾丸酮	促进雄性动物副性器官的发育及维持雄性征
		卵巢	雌二醇	促进雌性动物副性器官的发育及维持雌性征
		黄体	孕酮	促进子宫与乳腺发育，帮助受精卵着床与胚胎发育

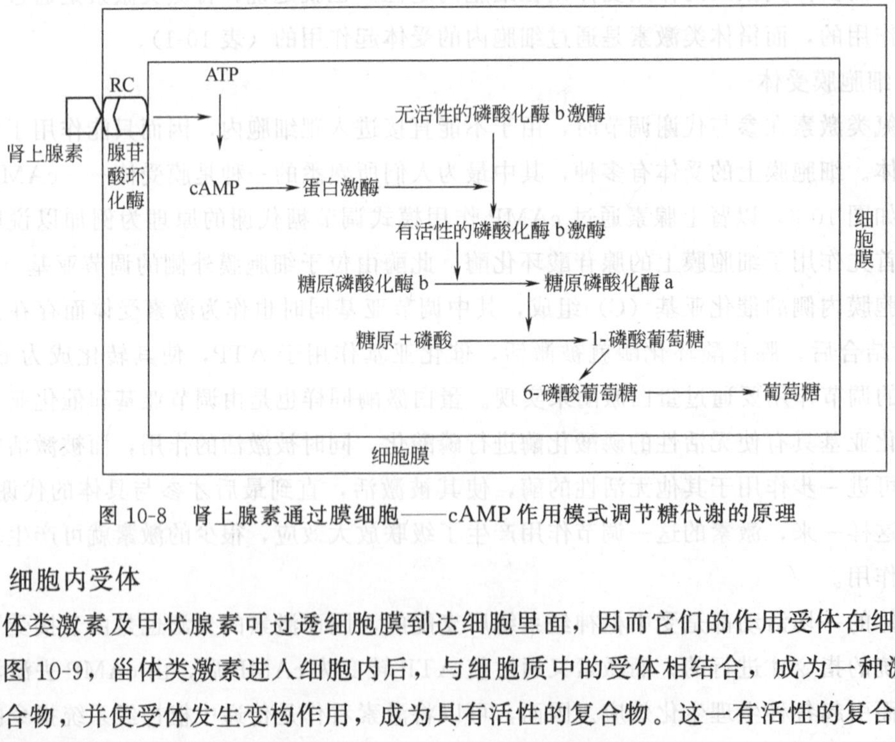

图 10-8 肾上腺素通过膜细胞——cAMP 作用模式调节糖代谢的原理

2. 细胞内受体

甾体类激素及甲状腺素可过透细胞膜到达细胞里面，因而它们的作用受体在细胞内。

如图 10-9，甾体类激素进入细胞内后，与细胞质中的受体相结合，成为一种激素-受体的复合物，并使受体发生变构作用，成为具有活性的复合物。这一有活性的复合物，具有一个与染色体有高度亲和力的结合部位，当作用于细胞核的 DNA 时，将激活某些酶的基因，使转录出指导酶合成的 mRNA。此 mRNA 将作为模板，指导蛋白质（酶）的生物合成，以此增加酶的数量，从而达到调节代谢的目的。

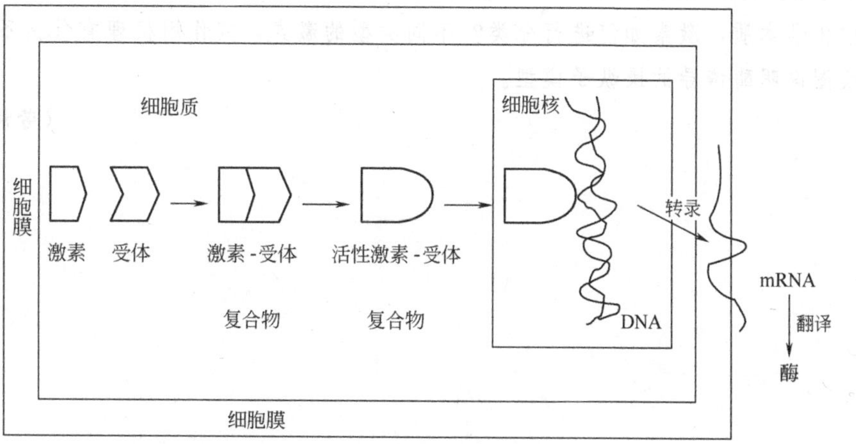

图 10-9　甾体激素作用示意

在此，可将激素看作第一信使，而将激素-受体复合物看作第二信使。

从以上的论述可知，激素在对代谢进行调节时，其最终仍是通过改变酶的活力或酶的数量来达到调节的目的。

三、整体水平综合调节

对于人和高等动物来说，由于有了完善的神经系统，各种生理活动和物质代谢都在神经系统的管制下进行。因而，可以说神经系统直接或间接地参与了生物体内的各种代谢调节作用。需调节的代谢信息首先反映到大脑皮层，再分别通过下丘脑、脑垂体指挥各内分泌细胞（组织）分泌相应的激素，通过激素对靶细胞（组织）代谢进行调节。最后，调节后的信息再次返回大脑皮层，又开始新一轮的调节。如此往复，使生物体内的代谢得以协调进行。

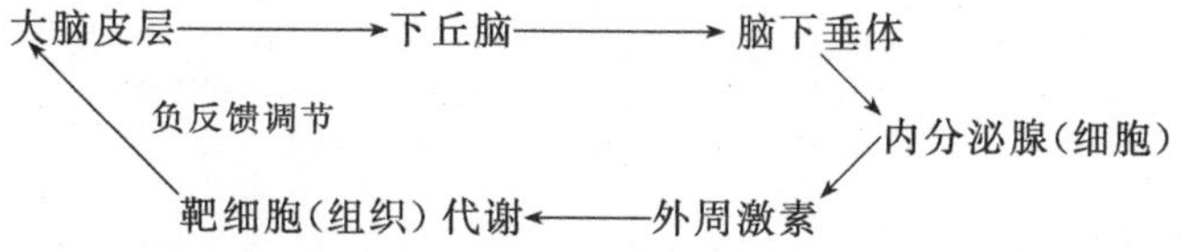

综上所述，尽管生物体内的代谢是非常复杂的，但由于体内有一整套完善的调节机制，使各种代谢能有条不紊地进行。这些代谢调节的理论已在微生物发酵工业和医学上有所应用，如异亮氨酸、赖氨酸、肌苷的微生物发酵生产等。

习　题

1. 解释下列名词

新陈代谢、同化作用、异化作用、变构抑制剂、激素

2. 人体的代谢调节分为哪几个层次？最基础的调节层次是哪一个？最基础的调节包括哪两大类型？特点又是什么？

3. 按化学本质，激素如何进行分类？不同类型的激素，其作用机理有什么不同？

4. 绘图说明酶诱导的操纵子模型。

（劳影秀）

第十一章 生化药物

第一节 生化药物概述

一、生化药物的概念

所谓生化药物就是运用生物化学技术，从生物体内分离纯化所得到的用于预防、诊断和治疗疾病的物质，如氨基酸、肽、蛋白质、酶及辅酶、多糖、脂质、核酸及其降解产物。将上述这些已知药物加以结构改造或者人工合成制造出的自然界没有的新药物，也称为生化药物。

一般认为，生化药物不包括抗生素、疫苗、菌苗、类毒素、抗毒素等生物制品，也不包括从植物中提取、纯化所得的生物碱和有机酸等，从中药中提取的生物活性物质仍属于中药范围。有时，生化药物与生物制品是不易分开的。

生化药物的化学结构与组成比较复杂，一般不易化学合成，有些生物材料也不能用其他材料代替。生化药物的普遍特点是药理针对性强，不良反应小，疗效确切，营养价值高，具有某些特殊疗效。

二、生化药物的来源

生化药物的主要来源就是生物。具体有以下几类。

1. 植物来源

目前从植物来源的生化药品不多，如从凤梨中提取的菠萝蛋白酶、从木瓜中提取的木瓜蛋白酶、从麦芽根中提取的复合磷酸酯酶、从蓖麻籽中提取的抗癌毒蛋白以及从豆类中提取的植物血凝素等。我国中草药资源十分丰富，但过去在研究时，由于分离技术的限制，往往忽视生化成分，常把生物大分子当作杂质去除。随着分离技术的提高，从药用植物中寻找生物大分子有效成分已日渐引起重视，分离的品种也在不断增加。

2. 动物来源

最初的生化药物都是来源于动物。李时珍《本草纲目》所收载的1892种药物中，就有动物药物444种。目前动物来源的生化原料药物已有160多种，主要来源于猪，其次来源于牛、羊和家禽等。动物的各个脏器都可以提取出有效成分。如从脑组织中提取脑磷脂、催眠多肽、吗啡样因子等，从心脏中提取细胞色素c、辅酶A、辅酶Ⅰ、冠心舒等，从肺中可以提取抑肽酶、肝素等，从肝脏中提取iRNA、过氧化氢酶、造血因子等，从脾脏可以提取转移因子等，从胃可以提取胃蛋白酶、胃膜素、内在因子等。胰腺含酶丰富，是动物体中的“酶库”。胰腺中可供提取的酶有胰蛋白酶、糜蛋白酶、胰脱氧核糖核酸酶、

核糖核酸酶、胰脂酶和弹性蛋白酶等，此外还有胰岛素、胰高血糖素、血管舒缓素等活性物质。还可以从动物的血液、胆汁、肾、胸腺、肾上腺、松果体、扁桃体、甲状腺、睾丸、胎盘、牛羊角、蛋壳提取有效成分。人血、人尿和人胎盘也是重要的原料，从中提取的制剂是治疗人类某些特殊疾病不可缺少的药物。

3. 微生物来源

利用微生物发酵生产生化药物具有广阔的前景。微生物种类繁多，其代谢资源也十分丰富，现已知有1000多种，微生物酶也有1300多种。此外，微生物易于培养，繁殖快，产量高，便于大规模生产，且不受外界条件的限制。

微生物中的细菌、放线菌、真菌都能用于生化制药。利用细菌可以获得水溶性维生素和许多酶类，如淀粉酶、蛋白酶、脂肪酶、几丁质酶等。放线菌是抗生素的重要产生菌，其代谢产物也是重要的生化药物原料，如氨基酸、核酸类、水溶性维生素和酶类。利用真菌类也能获得上述物质。

4. 海洋生物来源

海洋生物作为生化药物原料已经日益引起各国的重视，这将给生化药物开辟另一个可靠的原料基地。如从海藻类提取烟酸甘露醇酯、褐藻酸钠等，从海星中提取男性避孕药。“海洋药物学”已经形成一门学科。

第二节 生化药物发展概况

一、氨基酸、多肽及蛋白质类药物

(一) 氨基酸类药物

1. 氨基酸的生产

氨基酸的生产方法有4种：经典的提取法、化学合成法、微生物发酵法和酶法。提取法是最早发展起来的，是生产氨基酸的最基本方法。所谓提取法是指以蛋白质或以含有蛋白质的物料为原料，经酸、碱或酶水解以后提纯氨基酸的方法。早期提取法是建立在溶剂抽提、等电点结晶和沉淀剂分离的基础上。随着离子交换树脂的应用，氨基酸的分离更为容易。简化了提炼工序，缩短了操作时间，提高了氨基酸收率。提取法的优点是原料来源丰富，投产比较容易。但产量低，成本高，三废较严重。在国外多数氨基酸生产已逐步为微生物发酵法及化学合成法所取代。在目前4种生产方法中，发酵法生产占主导地位，酶拆分法也占相当地位。化学合成法倾向于氨基酸衍生物的制备。提取与分离是氨基酸生产的基本技术。无论何种方法均有分离纯化工序，即提纯也是提高氨基酸质量的关键步骤之一。目前仍有一定数量品种，如半胱氨酸、酪氨酸、羟脯氨酸、组氨酸、亮氨酸，用提取方法生产，且占主要的地位。对于中国来说，具有丰富的动物资源的角、骨、血、蹄、皮、毛发、羽毛及鱼鳞等，有待充分利用。目前已综合利用的有人发、猪血、猪毛、羊毛、丝素丝胶、皮革边料、蚕蛹巢丝、水产品下脚料等。

2. 氨基酸在医药上的应用

氨基酸是构成蛋白质的基本单元，也是合成机体抗体、激素和酶的原料，在人体内有特殊的生理功能，是维持生命现象的重要物质。氨基酸以肽键结合而存在于各种功能与结构不同的蛋白质分子中。蛋白质是生命的基础物质，它对机体的生长、维持、防御及生理功能极为重要。

迄今，氨基酸及其衍生物的品种超过100多种，广泛地应用于食品、饲料、化工、农业及医药等方面。氨基酸作为药物在医疗保健事业中是一类占有重要地位和充满希望的分支。

由于人们对氨基酸广泛参与机体正常代谢和许多生理机能的认识不断加深，氨基酸代谢紊乱与疾病的关系以及在防治某些疾病中的重要作用等，愈来愈被人们所瞩目。氨基酸对处于蛋白质-能量营养不良（protein-enerey malnutrition，PEM）状态病人的营养支持、早日康复、降低发病率与死亡率，具有非常重要的意义。目前，随着中国肠外和经肠营养支持疗法的推广应用，氨基酸如同维生素、激素一样，已成为现今临床治疗上不可缺少的药品。

氨基酸作为某些疾病的治疗药物以及作为合成多肽类药物的中间原料，应用也较广泛。至今已能工业生产的多肽类药物有谷胱甘肽（3肽）、促胃液素（5肽）、催产素（9肽）、抗利尿素（9肽）、ACTH（24肽）及降钙素（32肽）等，已用于临床。

此外，利用氨基酸与母体药物结合制成的前体药物，近几十年来发展也很快。它们可以改善药物的理化性质和稳定性，改善药物吸收，提高血药浓度，增进药物疗效，降低副作用与毒性。目前临床上广为应用或正在开发中的这类药物很多，如阿司匹林赖氨酸或精氨酸、茶碱赖氨酸、硫霉素甘氨酸、甲硝唑氨基酸酯以及非甾体抗炎药物（如消炎痛、布洛芬、酮基布洛芬、萘普生、二氯灭酸、炎痛喜康等）的赖氨酸或精氨酸盐等。

（二）多肽及蛋白质类药物

随着生物技术的高速发展，多肽、蛋白质类药物不断涌现。目前已有35种重要治疗药物上市，生物技术与生物制药企业的发展也日益全球化。生物技术药物研究的重点是应用DNA重组技术开发可应用于临床的多肽、蛋白、酶、激素、疫苗、细胞生长因子及单克隆抗体等。

生物技术药物的基本剂型是冻干剂。常规制剂尽管其疗效早为临床所证实，但由于半衰期短，需要长期频繁注射给药，从患者的心理与经济负担角度看，这些都是难以接受的问题。为此，各国学者主要从两方面着手研究开发方便合理的给药途径和新制剂：①埋植剂和缓释注射剂；②非注射剂型，如呼吸道吸入，直肠给药，鼻腔、口服和透皮给药等。缓释生物技术药物的注射制剂，是很有应用前景的新剂型，有一些品种，如能缓释1～3个月的黄体生成素释放激素（LHRH）类似物微球注射剂已经上市。

二、酶类药物

酶类药物按其功效和临床应用分为：①消化酶，如胰酶、胃蛋白酶、淀粉酶和消食素等；②抗炎和黏痰溶解酶，如胰蛋白酶、超氧化物歧化酶、溶菌酶和脱氧核糖核酸酶等；③循环酶，具有抗凝作用的有链激酶、尿激酶、纤溶酶、蛇毒抗凝酶等，具有止血作用的有凝血酶、促凝血酶原激酶、蛇毒凝血酶等，血管活性酶有激肽释放酶、弹性蛋白酶；④抗癌酶，如天冬酰胺酶、癌停三合酶和谷氨酰胺酶等；⑤其他生理活性酶，如青霉素酶、尿酸酶、细胞色素C等；⑥复合酶，即两种以上的混合酶制剂，如多酶片就是由胃蛋白酶、胰酶和淀粉酶配伍组成的。

目前，世界上已知酶有2000多种，在生化药物中已正式投入生产的有20多种。过去多从动植物中提取，目前已朝着微生物来源方向发展。

三、核酸及其降解物和衍生物类药物

这类药物按其化学结构和组成分为4类：①核酸碱基及其衍生物，如用于抗痛风的别嘌呤醇、抗癌的巯基嘌呤和氟尿嘧啶等；②核苷及其衍生物，如阿糖腺苷、阿糖胞苷、肌苷等；③核苷酸及其衍生物，如AMP、IMP、CoA、UDPG、ATP等；④多核苷酸，如辅酶Ⅰ、聚肌胞苷酸（PolyI：C）、转移因子（TF）等。

核酸类药物属于天然大分子，多采用生物材料为原料提取。核酸的衍生物，由于其分子较小，结构简单，多采用化学合成法制造。

四、多糖类药物

多糖类药物主要以黏多糖最为重要。可分别从动物、微生物和植物中提取。如从猪肠黏膜中提取的肝素是天然的抗凝血物质，它还有调血脂、抗炎、抗动脉粥样硬化和抗肿瘤作用。从微生物细胞内或者通过微生物发酵也可获得药用多糖，如在临床上广泛使用的右旋糖酐就是以蔗糖为原料经细菌发酵制得的多糖。近年来，从真菌中提取了多种活性多糖，如蘑菇多糖、香菇多糖、银耳多糖、茯苓多糖、云芝多糖、猪苓多糖等。此外还从中草药中提取了一些药用多糖，如黄芪多糖、人参多糖、黄精多糖、海藻多糖和刺五加多糖等。

部分已临床应用的多糖类药物见表11-1。

表11-1 部分已临床应用的多糖类药物

名 称	来 源	用 途
右旋糖酐10、右旋糖酐40、右旋糖酐70	蔗糖发酵	扩充血容量
羟甲基淀粉	淀粉修饰	扩充血容量
黄芪多糖	黄芪	增强免疫、抗肿瘤
猴头菌多糖	猴头菌丝体	改善胃功能
银耳多糖	银耳	增强免疫、升白细胞
猪苓多糖	猪苓	增强细胞免疫功能
灵芝多糖	赤灵芝	增强免疫功能
香菇多糖	香菇	抗肿瘤
肝素	猪肠黏膜	抗凝血、抗血栓
冠心舒	猪十二指肠	抗凝血、抗动脉粥样硬化

续表

名称	来源	用途
抗栓灵	肝素修饰	抗血栓
降脂宁	肝素修饰	降血脂
玻璃酸	鸡冠	黏弹性工具
硫酸软骨素、硫酸软骨素 A	动物软骨	抗动脉粥样硬化
壳多糖	虾皮、蟹壳	人工皮肤
甲基纤维素、羟甲基纤维素	纤维素修饰	制剂辅料
微晶纤维素	纤维素修饰	制剂辅料

五、脂类药物

脂类药物可大体分为如下五类：①胆酸类，如胆酸钠、鹅去氧胆酸、去氢胆酸等；②不饱和脂肪酸类，如前列腺素、亚油酸、亚麻酸、二十碳五烯酸、二十二碳六烯酸等；③磷脂类，如卵磷脂、脑磷脂等；④固醇类，如胆固醇、麦角固醇等；⑤色素类，如胆红素、胆绿素、血红素等。

一些脂类药物及来源和用途如表 11-2。

表 11-2 脂类药物及来源和用途

名称	来源	主要用途
胆酸钠	牛、羊胆汁	治疗胆囊炎、胆汁缺乏
胆酸	牛、羊胆汁	人工牛黄原料
去氢胆酸	胆酸脱氢	治疗胆囊炎
鹅去氧胆酸	禽胆汁或者半合成	治疗胆结石
猪去氧胆酸	猪胆汁	人工牛黄原料
亚油酸	玉米油、大豆油	降血脂
亚麻酸	月见草油	降血脂
花生四烯酸	猪肾上腺	合成前列腺素 E_2 原料
二十碳五烯酸	鱼油	降血脂、抗凝血
二十二碳六烯酸	鱼油	防治动脉粥样硬化、健脑益智
前列腺素 E_1、前列腺素 E_2	羊精囊提取的酶使有关前体转化	中期引产、催产
脑磷脂	动物脑	止血、防治动脉粥样硬化及神经衰弱
卵磷脂	动物脑、大豆	防治动脉粥样硬化及神经衰弱、治疗肝疾患
胆固醇	动物神经组织、羊毛脂	人工牛黄原料
麦角固醇	发酵	维生素 D_2 原料
胆红素	胆汁	人工牛黄原料
辅酶 Q_{10}	从心肌提取或者发酵、合成	治疗心脏病及肝脏疾患

第三节 生化制药工艺与技术

生化制药是将动物、植物或微生物体内的生物活性物质在其结构和功能不遭破坏的前提下，采用多种生化分离方法提取、纯化的工艺过程。大致包括6个阶段：①原料的选择和预处理；②组织及细胞的破碎；③从破碎细胞中提取有效成分；④精制；⑤干燥；⑥制剂。在实际工作中，根据不同的材料，可采用不同的工艺过程。下面就基本过程加以叙述。

一、生化药物材料的选取和预处理

在选择生化药物材料时，要注意材料来源方便，有效成分含量高，且制备工艺简单。当然能同时具备这几个方面不容易，在工业规模化生产时，首先要考虑的是工艺简单。当材料来源方便且含量也高，但分离纯化过程烦琐时，则成本就高，经济效益就差，在此情况下，应选择含量低但易提取纯化的材料。

选准适当的材料后，还要注意植物的季节性、微生物的生长期和动物的年龄。如微生物在对数生长期，酶和核酸含量高，在稳定期，代谢产物较高；提取胸腺素应选择小牛等。

选定材料后，还要对其进行预处理。对动物组织要去除非活性部分，如结缔组织、脂肪组织等；在收集的过程中还要进行速冻，以免有效成分遭到破坏；胆汁从胆囊中挤出后不得在空气中久置，以防止胆红素的氧化；植物种子要去壳脱脂；微生物的发酵液也要进行预处理。总之，一旦采集到新鲜材料，应立即进行提取。如不能马上提取，应选择速冻、冻干、脱水、制成“丙酮粉”或者浸入丙酮中保存，防止有效成分降解、失活。

二、组织细胞的粉碎

有些有效成分以可溶形式存在于体液中，可直接分离提取。但多数成分常存在于细胞内，所以在提取前还要对组织细胞进行破碎，使细胞内生物活性物质释放到溶液中，从而有利于提取。对不同的组织可选择不同的粉碎方法。具体的方法有以下几种。

1. 机械法

机械法主要是借助机械力的作用来破碎细胞。常用的有高速组织捣碎机、匀浆器、电磨机、万能粉碎机、绞肉机等。

对动物组织，多选用绞肉机，且在冰冻状态下效果更好。而对植物组织尤其是肉质组织可以采用研磨法。

2. 物理法

(1) 反复冻融法　将材料冷冻至－15℃后，再缓慢地融化，如此反复进行可使大部分细胞破碎。此法多用于动物性材料。

(2) 冷热交替法　将材料投入沸水中，几分钟后捞起立即进行冰冻。利用细菌提取核酸时可采用此法。

(3) 超声波处理法 其原理是利用超声波在液体中传播时产生的巨大拉力使细胞破碎。破碎的效果与待分离物质的浓度、使用的频率有关。此法多用于微生物材料的提取。在处理过程中，应避免溶液中气泡的存在，还应配备冷却装置，以防止温度升高后对活性成分的破坏。

(4) 加压破碎法 通过气压或者水压，其压力达到 20.59～34.32MPa(210～350kgf/cm^2）时，可使 90%以上的细胞破碎。此法多用于从微生物中提取酶制剂。

3. 生化及化学法

(1) 自溶法 就是利用组织细胞自身所含的酶系在其适当的存放条件下使细胞破坏。采用此法要注意不同组织需要不同的存放温度。动物材料一般在 0～4℃，微生物材料在室温下即可。自溶时，需要加入少量防腐剂，如甲苯、三氯甲烷等，以免外界细菌的污染。

(2) 加酶处理法 此法是在细胞悬浮液中加入各种水解酶，如溶菌酶、纤维素酶、脂肪酶、透明质酸酶等，将细胞壁破碎。此法多用于微生物材料。

(3) 表面活性剂处理法 表面活性剂能降低水的界面张力，具有乳化、分散、增溶作用。常用的有十二烷基磺酸钠、氯化十二烷基吡啶、去氧胆酸钠等。

三、生化药物的提取

所谓提取就是利用一种溶剂对几种物质的溶解度不同，从混合物中分离出一种或几种组分的过程。常用的提取法有固-液萃取、液-液萃取。习惯上将液-液萃取称为抽提。提取、萃取和抽提的含义基本相同。提取是分离纯化的开始，其效果主要取决于被提取物在溶剂中溶解度的大小，其次，选择提取的其他条件对被分离提取物的稳定性也是一个重要因素。

1. 提取溶剂的选择

在选择溶剂时，无外乎两个方面的考虑：一是选择对提取物溶解度大而对杂质溶解度小的溶剂，使被提取物从混合组分中分离出来；或者相反，选择对提取物溶解度小而对杂质溶解度大的溶剂，使提取物沉淀或者结晶析出。常用的溶剂有水、稀盐、稀酸、稀碱、乙醇、丙酮、三氯甲烷、四氯化碳等。一般而言，对于与脂质结合比较牢固或者分子中非极性侧链较多的蛋白质，常采用丁醇提取。丁醇既具有较强的亲脂性，也具有亲水性；既可取代与蛋白质结合的脂质的位置，又可阻止脂质与蛋白质重新结合，使蛋白质在水中的溶解度增加。极性物质易溶于极性溶剂；非极性物质易溶于非极性有机溶剂；碱性物质易溶于酸性溶剂，酸性物质易溶于碱性溶剂。具体如何选择溶剂，可以查阅有关资料和手册。

2. 影响提取的因素

(1) pH 提取溶液的 pH 与提取物的溶解度和稳定性有很大的关系，故提取时应根据被分离物的性质，选择适当的 pH 范围。如蛋白质、核酸、酶等的提取，为了保证其生物活性不受破坏，一般常选择 pH6～8 的溶液。注意测定 pH 的准确性，误差不应超过±0.1。

（2）温度　一般的提取温度应控制在0～10℃范围内。但对耐热的物质可以适当提高提取的温度，这样可使杂质蛋白变性分离，有利于提取和下步分离，如对胃蛋白酶的提取可选择50℃。

除以上因素外，还有一些影响提取的因素，如离子强度、溶剂的黏度、加入的表面活性物质以及在提取过程中添加的其他物质的影响等。在具体工作中都要加以综合考虑。

四、生化药物的分离纯化

生化物质的特点是成分复杂，所以必须进行纯化。纯化的方法很多，但都是建立在被提取物的理化性质基础上。常用的有盐析法、有机溶剂沉淀法、等电点沉淀法、膜分离法、层析法等，下面分别作一简单介绍。

1. 盐析法

盐析法是分离纯化生物活性物质最常用的方法之一。其原理及盐的选择已在蛋白质化学一章中介绍过，这里主要介绍在使用此法时应注意的几个问题。

（1）盐饱和度的影响　饱和度是影响蛋白质盐析的重要因素。不同种类的蛋白质需要的饱和度也不同，因此需要准确计算饱和度。加固体盐时，应事先把盐研细，并在搅拌下逐渐加入。

（2）pH的影响　蛋白质在等电点时溶解度最小，容易沉淀析出。因此，除特殊要求外，一般盐析时常选择溶液的pH在被沉淀物的等电点附近。

（3）蛋白质浓度的影响　蛋白质浓度越大越容易沉淀，但与此同时，其他蛋白质的共沉作用也增强。因此，选择合适的蛋白质浓度也是非常重要的。

（4）温度的影响　温度对盐析的结果影响不大，一般在室温下即可。但若被分离物耐热性差，如尿激酶的提取，最好在0～4℃范围内进行。

（5）沉淀物的脱盐　用盐析法提取有效成分，必然要对沉淀物脱盐。脱盐最常用的方法就是透析。透析一般需时较长，要注意防止污染和常更换透析液。采用电透析可以缩短透析时间，但有产热的弊端，因此要注意采用适当的方法降温。

2. 有机溶剂沉淀法

有机溶剂沉淀法比盐析法分辨力强，且沉淀物易过滤和干燥，但此法易造成有效成分的失活，为此，要注意以下问题。

（1）控制温度　整个操作过程均需低温，且不能有波动，以免造成效应物沉淀后又溶解。

（2）防止局部溶剂浓度过高　以免沉淀物的变性失活。在加入有机溶剂时速度要适当，搅拌要均匀。沉淀物经过滤离心后，要立即用水或者缓冲液溶解，以降低有机溶剂的浓度。

（3）pH的选择　多控制在沉淀物的等电点附近。

（4）中性盐的加入　通过实践探索，在采用有机溶剂沉淀蛋白质时，加入适量中性盐（0.05mol/L），即可以使沉淀析出完全和降低变性的发生，还能减少有机溶剂的用量。但加入过多沉淀效果反而不好。

3. 等电点沉淀法

此法使用范围有限，仅限于那些在等电点时溶解度较低的两性物质的分离。多数蛋白质的等电点十分接近，且在等电点时还有一定的溶解度，所以提取蛋白质时单独使用此法其效果并不理想。在实际工作中，主要用于去除杂质蛋白，且需与有机溶剂沉淀法、盐析法结合使用。

4. 膜分离法

本法的原理是根据被分离物质的分子大小，选择几种半透膜，使一种物质或一定大小的分子透过，而阻碍另一种或分子量大的物质透过。属于此类原理的方法有渗透、透析、电渗析、反渗透和超滤等。共同的优点是效率高、费用低和无相的变化。

(1) 透析　透析的原理是利用半透膜将大分子溶液中的小分子物质和离子去掉。将这种混合物装入由半透膜制成的透析袋内，然后将透析袋口扎紧，浸入含有大量低离子强度的缓冲液中，依靠可透过物质的浓度差的推动，使小分子物质自由地扩散，透过半透膜孔进入透析袋外液中，大分子留在袋中，从而达到分离目的。

① 透析膜。可用作透析膜的有玻璃纸、火棉纸和其他合成材料，在制药上常用Spectropor纤维透析袋，可以截留分子质量为1.0×10^3～5.0×10^4Da范围的分子。由于新购置的透析袋常含有污染物质，因此在使用前必须经过严格处理，其方法依次是——50%乙醇文火煮沸1h→10mmol/L碳酸氢钠溶液中洗2次→1mmol/LEDTA溶液中洗2次→蒸馏水中洗2次→蒸馏水中加热，以去除残余的EDTA→保存在4℃蒸馏水中备用，若保存时间长，还需加入防腐剂。

② 透析液。透析液是指透析袋外面容器中的溶液。一般选用纯水，但对酶的提取，常选用具有一定离子强度和pH的缓冲液作为外液。特殊情况下，还可选用不能透过半透膜的高分子惰性物质的溶液作外液，从而使大分子物质在透析袋内不仅得到纯化，同时也得到浓缩。

③ 操作方法。将待透析物质装入袋内，不要装满。排出袋内空气后扎紧袋口。将透析袋置于透析液液面下数毫米，在低温下进行透析。经过一定时间，定期更换透析液，直至透析完毕。

④ 注意事项。透析之前要检查袋是否漏水；在装入需纯化物质的同时，可装入两个玻璃珠，以起到搅拌作用；对含盐多的物质，要特别注意袋内的空隙大小是否合适，有无涨破的危险，必要时，可将袋口重新扎紧后再换水进行透析。另注意对透析管直径的选择。

(2) 超滤　超滤就是在一定压力下，使用一种特制半透膜对混合溶液中的不同溶质分子进行选择性滤过的分离方法(图11-1)。这种方法最适于生化药物的浓缩或脱盐，具有成本低、操作方便、条件温和、能较好地保持生化药物的活性和回收率高等优点。也可用来对不能高压灭菌的生化制剂的除菌以及去除热原。

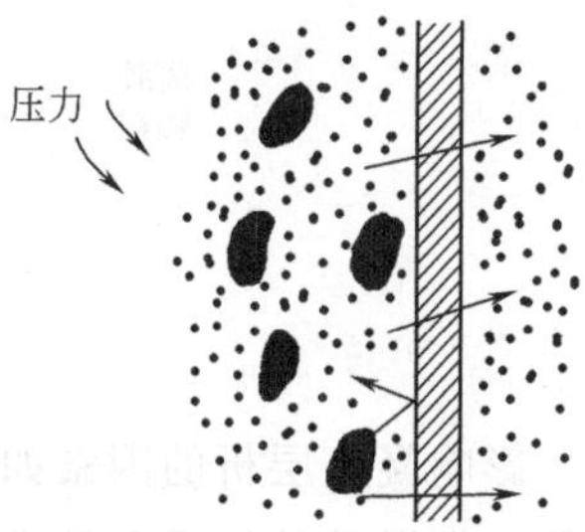

图11-1　超滤法示意

超滤法的关键在于膜的选择，不同类型和规格的膜，水的流速、分子量截留值等参数均不同。目前市售的有纤维素膜、聚砜膜和复合膜。纤维素膜的优点是透过速度大，截留盐的能力强；缺点是易被细菌污染，不易贮存，且膜的使用温度和pH范围均较窄（温度最高为30℃，pH为3～6）。与纤维素膜相比，聚砜膜具有使用温度和pH范围广（操作温度可达75℃，pH范围可从1～13连续使用）、耐氯能力强、孔径范围宽（孔径可在10×10^{-10}～200×10^{-10}m的范围内变化，截流分子质量的范围可在1×10^4～500×10^4Da）的优点。这对于需要加热灭菌和清洗过程是非常有利的。复合膜目前主要用于海水脱盐。

影响超滤速度的因素如下。①浓差极化。在超滤过程中，外力迫使分子量较小的溶质透过薄膜，而分子量较大的溶质截留于膜表面，形成凝胶层，这种浓度差导致溶质自膜面反扩散到主体中。当溶剂通过膜时，这层凝胶层便对其产生阻塞作用，使超滤速度减慢，这种现象就称为浓差极化。克服浓差极化的措施有震动、搅拌和错流等，在实际工作中可选择使用。②压力。压力过大，会加厚浓差极化层，使超滤速度减慢。因此，在操作过程中，要注意在合适的压力范围内。③膜的吸附。超滤膜对溶质分子均有不同程度的吸附能力，当溶质分子吸附在孔道壁上时，会影响孔道的有效直径，使截留率增大。④温度。温度升高可以降低溶质分子黏度，减小浓差极化作用。因此，一般应在不影响被分离物质和膜的稳定性的前提下尽量选择较高的温度。

5. 凝胶层析

凝胶层析也称为凝胶过滤或排阻层析，是指混合物随流动相流经装有凝胶作固定相的层析柱时，因分子大小不同而被分离的技术。

基本原理：凝胶颗粒就是一类具有三维空间多孔网状的物质，如葡聚糖凝胶和天然的琼脂糖凝胶、马铃薯淀粉等；把这些物质装入层析柱内，当含有不同分子的溶液缓慢流经层析柱时，各物质在柱内同时进行着垂直向下的移动和无定向的扩散运动；大分子物质由于直径较大，不能进入凝胶颗粒的微孔，只能在颗粒空隙中向下移动，所以下降速度较快，小分子除了可以在颗粒空隙中向下移动，还可以进入凝胶孔内，故向下移动的速度较慢，从而达到分离的目的，见图11-2。

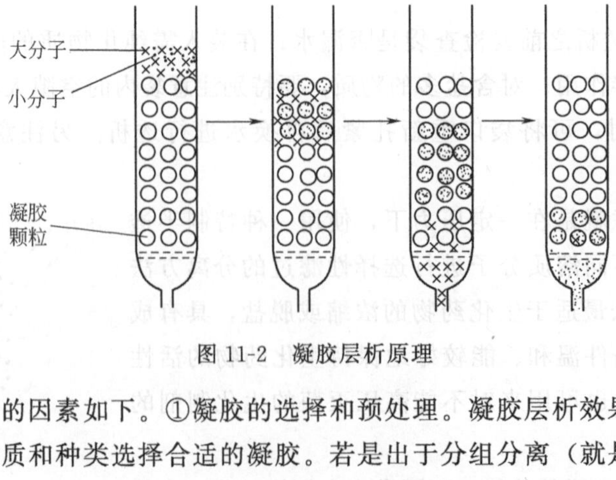

图11-2 凝胶层析原理

影响凝胶层析的因素如下。①凝胶的选择和预处理。凝胶层析效果的好坏，关键性因素是根据样品的性质和种类选择合适的凝胶。若是出于分组分离（就是将混合物分成大分子和小分子）的目的，就选用Sephadex G-25、Sephadex G-50，或者Bio-Gel-P-6、Ultrogel ACA-22 等；若是出于分级分离（就是将混合物中一组分子量相近的物质分离开）的目的，就选用排阻极限略大于样品中最高分子量的凝胶。例如，当样品中有分子质量超过 12×10^4Da 的分子时，就选用 Sephadex G-150 或 Bio-Gel-P-150。新购进的凝胶在使用前必须充分溶胀，一般用 10 倍以上的溶剂浸泡，直到体积不再胀大为止。为节省时间，可在 100℃水浴中溶胀，这样还可起到消毒灭菌和驱除颗粒内部气泡的作用。②凝胶柱的装填。在装柱时要避免产生气流、形成界面及装填不均匀等现象。一般应将层析柱垂直安装在无直接光照和无空气对流处，并在柱底部出口和各接口处事先通入洗脱剂去除气泡。装入凝胶要一次性倾入，同时开启柱下面的出口开关，留出液体，使凝胶自然下沉。装填完毕后，要在凝胶面上放一片滤纸，以防止加样过快冲动胶面，造成分辨率下降。③洗脱液流速。流速过快影响分离效果。一般采用 30～200ml/h，实际操作中可根据实验结果决定。④离子强度和 pH。非水溶性的物质，用有机溶剂洗脱；水溶性的物质用水洗脱。在酸性 pH 时，碱性物质易洗脱。⑤分离液体积。分离液的体积必须与凝胶床的体积相适应，通常为凝胶床总体积的 5%～10%。⑥柱的长度和直径。对移动缓慢的物质，宜选用 (30∶1)～(40∶1)(凝胶柱长度∶直径)。

五、生化药物的后处理

1. 浓缩

经分离纯化得到的目的物，还需要进一步浓缩。所谓浓缩就是低浓度溶液通过除去溶剂变为高浓度溶液的过程。广义地讲，沉淀就是一种浓缩方法。常用的方法还有如下几种。

(1) 薄膜蒸发浓缩　即液体形成薄膜后蒸发，变成浓溶液。其基本构造见图 11-3。

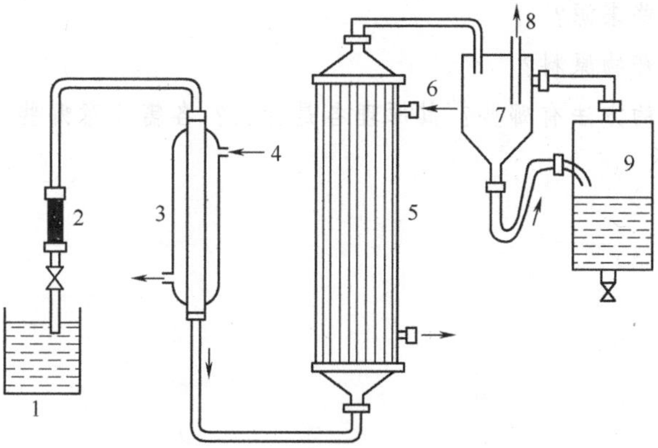

图 11-3　薄膜蒸发流程

1—原料液；2—流量计；3—预热器；4，6—蒸气；5—薄膜蒸发器；7—分离器；8—接抽气泵；9—浓缩液

此法适用于耐热的酶和小分子生化药物的制备，不适合对温度敏感及大分子药物的浓缩，对黏度大易结晶析出的生化药物也不适宜。

(2) 减压蒸发浓缩　也称真空浓缩。适用于不耐热的物品浓缩。

(3) 吸收浓缩　即通过吸收剂直接吸收以除去溶液中溶剂分子，使溶液浓缩的方法。常用的吸收剂有聚乙二醇、聚乙烯吡咯烷酮、蔗糖和凝胶等。其方法非常简单，就是先将含生化药物的溶液装入半透膜的袋中，然后扎紧袋口，外加吸收剂覆盖。袋中溶液渗出，即被吸收剂迅速吸附，当吸收剂被溶液饱和后，再更换新的，直至浓缩完毕。

2. 干燥

干燥是指物质中的水分或其他溶剂被除去后而呈现固体或半固体状态的过程。常用的方法有常压干燥、减压干燥、喷雾干燥和冷冻干燥等。

(1) 常压干燥　此法成本较低、干燥量大。缺点是需时长，易污染。

(2) 减压干燥　此法时间短、温度低，是生化制药最常用的方法。

(3) 喷雾干燥　此法应用广泛，快速高效。但有热利用率不高，设备投资费用高的缺点。

(4) 冷冻干燥　即在－60～－10℃及高真空（6.67～40Pa）的条件下，将物品中的水分直接升华的方法。适用于高度热敏的生化药物。本设备投资及操作维护费用高，生产能力也不大。

3. 灭菌

对于在临床应用时采用静脉输入或者肌内注射的生化药品，还必须灭菌，并不得含热原。常用超滤或微孔滤膜进行除菌，对可以耐受高温的生化药品可采用高温灭菌法。灭菌后，还需要经热原检验，合格后，方可成为正式产品。

习　题

1. 何谓生化药物？

2. 生化药物有哪些来源？

3. 如何选择生化药物原料？

4. 提取生化药物的方法有哪些？其原理各是什么？各需注意哪些事项？

（王建新）

实验一 蛋白质的颜色反应

一、目的和要求

1. 了解蛋白质的基本组成成分及多肽链中氨基酸之间的连接方式。
2. 了解蛋白质和某些氨基酸的呈色反应原理。
3. 学习几种常用的鉴定蛋白质和氨基酸的方法。

二、呈色反应

（一）双缩脲反应

1. 原理

尿素加热至180℃左右，生成双缩脲并放出一分子氨。双缩脲分子中的肽键在碱性环境中能与Cu^{2+}结合生成紫红色化合物，此反应称为双缩脲反应。蛋白质分子中有大量的肽键，也能在同样的条件下产生颜色反应。双缩脲反应也印证了蛋白质分子中的氨基酸之间是通过肽键连接的。此呈色反应是实验室中快速鉴别蛋白质和氨基酸的常用方法，也是测定蛋白质水解程度的方法之一。

具体反应如下：

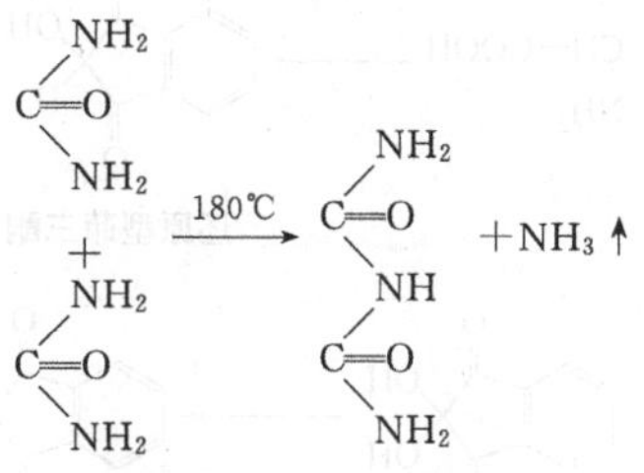

尿素　　双缩脲

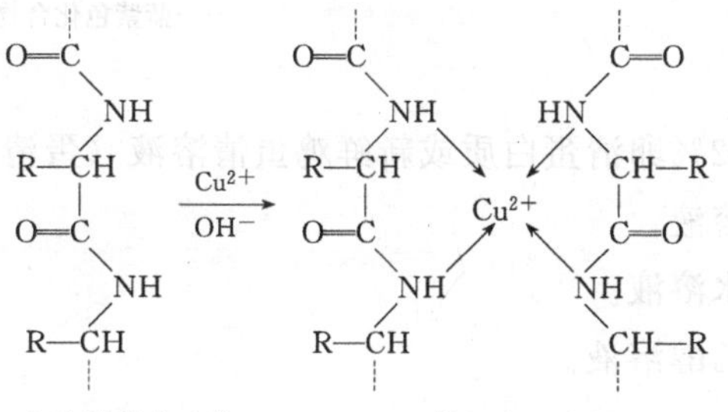

含肽键的化合物　　紫红色配合物

2. 材料与试剂

（1）尿素。

（2）10%氢氧化钠。

（3）1%硫酸铜溶液。

（4）2%卵清蛋白溶液。

3. 操作方法

（1）取少量尿素结晶，放在干燥试管中。

（2）用微火加热使尿素熔化。当熔化的尿素开始硬化时，停止加热，此时尿素放出氨气并同时形成双缩脲。

（3）将试管中的双缩脲放置冷却后，加 10%氢氧化钠溶液 1ml 并振荡摇匀。

（4）往试管中加入 1%硫酸铜溶液 1 滴后振荡，观察出现的颜色。

（5）取另一支试管，加卵清蛋白溶液 1ml 和 10%氢氧化钠溶液 2ml，摇匀后加入 1%硫酸铜溶液 2 滴，振荡并观察颜色的出现。

4. 注意事项

（1）在实验过程中，应避免添加过量的硫酸铜，否则生成的蓝色氢氧化铜会掩盖粉红色配合物的出现。

（2）NH_3能干扰此反应，因为 NH_3可与 Cu^{2+}生成暗蓝色的配合离子。

（2）凡是含有肽键的物质都能有此颜色反应，在实际工作中，要注意结果的甄别。

（二）茚三酮反应

1. 原理

所有的氨基酸和蛋白质都能与茚三酮发生颜色反应。但脯氨酸、羟脯氨酸因其为亚氨基酸，所以与茚三酮反应呈现黄色；蛋白质和其他氨基酸与之反应呈现蓝紫色。反应的原理是上述物质中的氨基与茚三酮的结合。具体反应步骤如下：

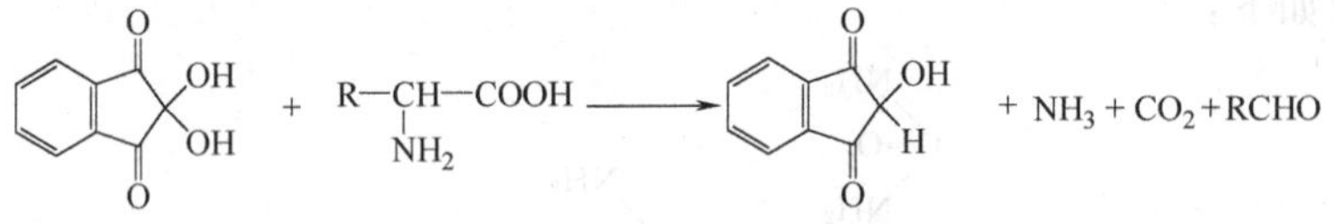

水合型茚三酮　　还原型茚三酮

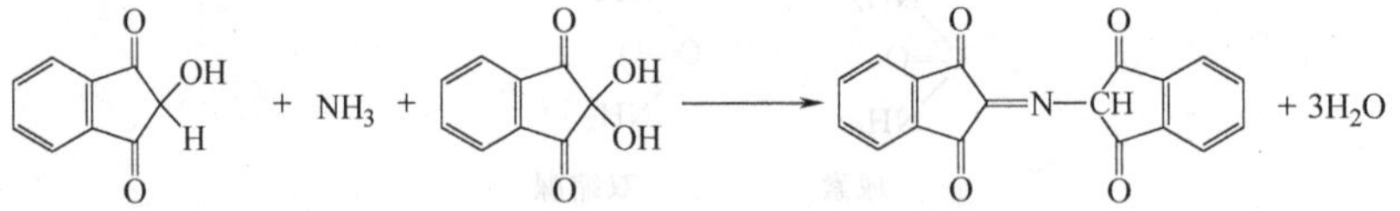

蓝紫色化合物

2. 材料与试剂

（1）蛋白质溶液　2%卵清蛋白质或新鲜鸡蛋清溶液（蛋清∶水=1∶9）。

（2）0.5%甘氨酸溶液。

（3）0.1%茚三酮水溶液。

（4）0.1%茚三酮乙醇溶液。

3. 操作方法

（1）取 2 支试管，分别加入蛋白质溶液和甘氨酸溶液 1ml，再加入 0.5ml 0.1%茚三酮水溶液，混匀。

（2）在沸水浴中加热 1～2min，观察颜色。

（3）取一小块滤纸，加一滴 0.5%甘氨酸溶液，风干后，再在原处加一滴 0.1%茚三酮乙醇溶液，在微火旁烘干，观察颜色。

4. 注意事项

（1）本反应适宜的 pH 为 5～7，同样浓度的蛋白质或氨基酸在不同的 pH 环境下，其颜色深浅不同。如果反应液酸度过大甚至不显色。

（2）本反应十分灵敏，1∶1500000 浓度的氨基酸水溶液即能出现颜色。

（三）黄色反应

1. 原理

含有苯环结构的氨基酸，遇硝酸后，可被硝化为黄色物质，该化合物在碱性溶液中进一步生成橙黄色的硝醌酸钠。具体反应如下：

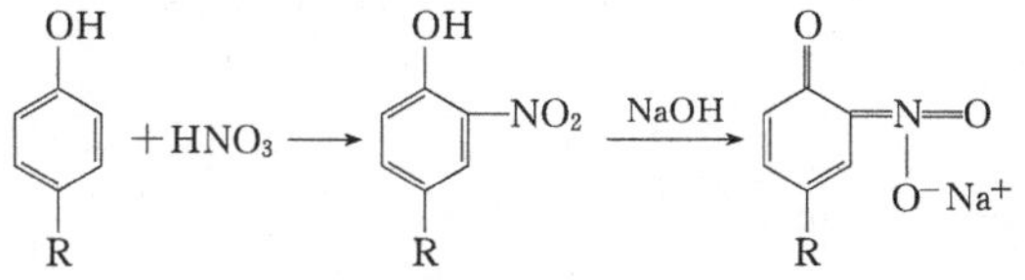

硝基酚　　硝醌酸钠（橙黄色）

由于多数蛋白质都含有带苯环的氨基酸，所以都有黄色反应。

2. 材料与试剂

（1）鸡蛋清溶液　新鲜鸡蛋清与水 1∶20 混匀后，用六层纱布过滤。

（2）大豆提取液　将大豆浸泡吸涨后，研磨成浆状后用纱布过滤。

（3）头发。

（4）0.5%苯酚溶液。

（5）指甲。

（6）浓硝酸。

（7）0.3%色氨酸溶液。

（8）0.3%酪氨酸溶液。

（9）10%氢氧化钠溶液。

3. 操作方法

（1）取 7 支试管，按表 1 加入试剂，观察各管出现的现象。

（2）待上述各管出现黄色后，逐滴加入 10%氢氧化钠溶液至碱性，观察颜色变化。

表 1　黄色反应操作及结果

管　号	材　料	浓硝酸/滴	现　象
1	鸡蛋清溶液 4 滴	2	
2	大豆提取液 4 滴	4	
3	指甲少许	40	
4	头发少许	40	
5	0.5%苯酚溶液 4 滴	4	
6	0.3%色氨酸溶液	4	
7	0.3%酪氨酸溶液	4	

4. 注意事项

苯丙氨酸不易硝化，需加入少量浓硫酸才会有黄色反应。

习题

1. 实验室中快速鉴别氨基酸和蛋白质的方法是什么？其原理是什么？
2. 双缩脲反应为什么能测定蛋白质的水解程度？
3. 茚三酮反应的原理是什么？实验中要注意什么？

（王建新）

实验二 蛋白质的沉淀反应

一、目的和要求

1. 加深对蛋白质胶体溶液稳定因素的认识。
2. 掌握几种沉淀蛋白质的方法及原理。
3. 了解蛋白质变性与沉淀的关系。

二、沉淀反应

(一) 原理

在水溶液中，蛋白质分子由于其表面上水化层和同性电荷的作用，成为稳定的胶体颗粒。但这种稳定状态的存在是有条件的。在某些理化因素的作用下，蛋白质分子表面带电性质发生变化，脱水甚至变性，则会以固态形式从溶液中析出，这个过程就称为蛋白质的沉淀反应。蛋白质的沉淀反应可分为以下两种类型。

1. 可逆沉淀反应

沉淀反应发生后，蛋白质分子内部结构并没有发生大的或者显著变化，在沉淀因素去除后，又可恢复其亲水性，这种沉淀反应就是可逆沉淀反应，也叫做不变性沉淀反应。属于这类沉淀反应的有盐析作用、等电点沉淀以及在低温下短时间的有机溶剂沉淀等。

2. 不可逆沉淀反应

蛋白质在沉淀的同时，其空间结构发生了大的改变，许多次级键发生断裂，即使除去沉淀因素，蛋白质也不会恢复其亲水性，并丧失了生物活性，这种沉淀反应就是不可逆沉淀反应。重金属盐、生物碱试剂、强酸、强碱、加热、强烈振荡、有机溶剂等都能使蛋白质发生不可逆沉淀反应。

(二) 盐析

1. 材料与试剂

(1) 5%的卵清蛋白溶液（要求新鲜配制）。

(2) 饱和硫酸铵溶液。

(3) 固体硫酸铵。

(4) 滤纸、玻棒。

2. 操作方法

(1) 取试管一支，加入5%的卵清蛋白溶液5ml，再加等量的饱和硫酸铵溶液，混匀后静置10min，将出现沉淀。此沉淀物为球蛋白。

(2) 用滤纸将沉淀物过滤。

(3) 向滤液中加入硫酸铵粉末，边加边用玻棒搅拌，直至粉末不再溶解为止。静置数分钟后，沉淀析出，为清蛋白。

（4）将沉淀物取出，分别加水，观察其是否溶解。

（三）重金属盐沉淀

重金属离子如 Pb^{2+}、Cu^{2+}、Hg^{2+}、Ag^+ 等可与蛋白质分子上的羧基结合生成不溶性金属盐而沉淀。

$$Pr\begin{array}{c}NH_3^+\\\\COO^-\end{array}\xrightarrow{OH^-}Pr\begin{array}{c}NH_2\\\\COO^-\end{array}\xrightarrow{Ag^+}Pr\begin{array}{c}NH_2\\\\COOAg\downarrow\end{array}$$

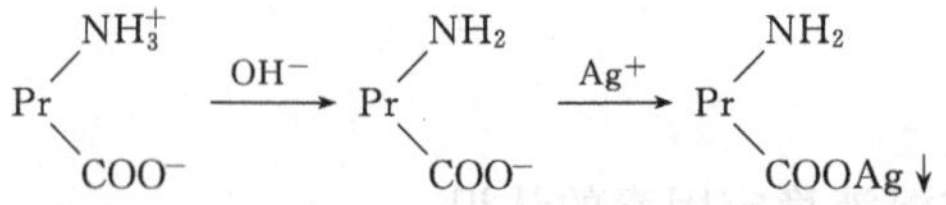

重金属盐类沉淀蛋白质的反应通常很完全，特别是在碱金属盐类存在时。因此，生化分析中，常用重金属盐除去体液中的蛋白质；临床上常用蛋白质解除重金属盐引起的食物中毒。

1. 材料与试剂

（1）5％的卵清蛋白溶液。

（2）0.1mol/L 氢氧化钠溶液。

（3）3％硝酸银溶液。

（4）0.5％乙酸铅溶液。

（5）0.1％硫酸铜溶液。

（6）试管 3 支。

2. 操作方法

（1）取试管 3 支，分别编号后各加入 1ml 5％的卵清蛋白溶液。

（2）各管再加入一滴 0.1mol/L 氢氧化钠溶液。

（3）向 1 管加 3％硝酸银溶液 3～4 滴；向 2 管加 0.5％乙酸铅溶液 3 滴；向 3 管加 0.1％硫酸铜溶液 3～4 滴。混匀后观察沉淀的生成。

（4）再向第 2 管加入过量的 0.5％乙酸铅溶液，向第 3 管加入过量的 0.1％硫酸铜溶液，观察沉淀的再溶解。

3. 注意事项

使用乙酸铅或硫酸铜试剂沉淀蛋白质时，用量不可过大，否则可使已沉淀的蛋白质重新溶解。

（四）生物碱试剂沉淀反应

生物碱试剂能与蛋白质分子中的氨基结合生成不溶性沉淀。反应如下：

$$Pr\begin{array}{c}NH_3^+\\\\COO^-\end{array}\xrightarrow{CCl_3COOH}Pr\begin{array}{c}NH_3^+\cdot OOCCl_3C\\\\COOH\end{array}\downarrow$$

1. 材料与试剂

（1）5％的卵清蛋白溶液。

（2）5％三氯乙酸溶液。

2. 操作方法

取试管一支，加 5％的卵清蛋白溶液 20 滴后，再加入 5％三氯乙酸溶液 10 滴，混匀后观察沉淀的出现。

(五) 有机溶剂沉淀反应

1. 材料与试剂

(1) 5%的卵清蛋白溶液。

(2) 95%乙醇溶液。

(3) 饱和 NaCl 溶液。

2. 操作方法

(1) 编号 2 支试管，各加 5%的卵清蛋白溶液 10 滴。

(2) 每管内均加入 95%乙醇溶液 20 滴，边加边混匀。静置片刻后观察结果。

(3) 向试管 1 内加入饱和 NaCl 溶液 1～2 滴，观察结果。

(六) 加热沉淀蛋白质

几乎所有的蛋白质都可因加热变性而凝固，盐类和氢离子浓度对蛋白质加热凝固有重要影响。少量盐类能促进蛋白质的凝固。当蛋白质处于等电点时，加热凝固最完全、最迅速。在酸性或者碱性溶液中，虽加热蛋白质也不会凝固。若同时有足量的中性盐存在，则蛋白质仍可凝固。

1. 材料与试剂

(1) 5%的卵清蛋白溶液。

(2) 0.1%乙酸溶液。

(3) 饱和 NaCl 溶液。

(4) 10%乙酸。

(5) 10%氢氧化钠溶液。

(6) 蒸馏水。

(7) 试管 5 支。

2. 操作方法

(1) 取 5 支试管，编号，然后按表 2 加入试剂。

表 2　　单位:滴

管号 \ 试剂	蛋白质溶液	0.1%乙酸	10%乙酸	饱和 NaCl	10% NaOH	蒸馏水
1	10	—	—	—	—	7
2	10	5	—	—	—	2
3	10	—	5	—	—	2
4	10	—	5	2	—	—
5	10	—	—	—	2	5

(2) 将各管混匀，观察记录各管现象后，放入沸水浴中加热 10min。

(3) 将 3 号管和 4 号管用 10% NaOH 中和，将 5 号管用 10%乙酸中和，观察并解释实验结果。

(4) 将 3 号、4 号、5 号管继续分别加入过量的酸或碱，观察它们发生的现象。

(5) 将3号管和5号管放入沸水浴中加热10min，观察沉淀变化，检查这些沉淀是否溶于过量的酸或碱中，并解释实验结果。

习 题

1. 盐析时为什么分别用饱和硫酸铵溶液和硫酸铵粉末？
2. 重金属盐沉淀蛋白质注意什么？
3. 有机溶剂沉淀蛋白质时，加入饱和 NaCl 溶液的原理是什么？
4. 解释加热沉淀蛋白质时的有关现象。

（王建新）

实验三　细胞色素 c 的制备

一、目的和要求

通过细胞色素 c 的制备，了解制备蛋白质制品的一般原理和步骤。

二、原理

细胞色素是包括多种能够传递电子的含铁蛋白质的总称，它广泛存在于各种动物、植物组织和微生物中。细胞色素 c 是细胞色素的一种，它主要存在于线粒体中，也是惟一较易从线粒体中分离出来的活性物质。在需氧最多的组织如心肌及酵母细胞中含量丰富。

细胞色素 c 为含铁卟啉的结合蛋白质，等电点为 10.2～10.8，猪细胞色素 c 相对分子质量约为 12200，酵母细胞色素 C 的相对分子质量约为 13000。它溶于水，在酸性溶液中溶解度更大，故用酸性水提取。细胞色素 c 对热、酸和碱都比较稳定，但三氯乙酸和乙酸可使之变性。

本实验以新鲜猪心为材料，经过酸溶液提取、人造沸石吸附、硫酸铵溶液洗脱和三氯乙酸沉淀等步骤制备细胞色素 C，每 1000g 猪心可提取 200mg 左右。

三、试剂与器材

1. 材料与试剂

(1) 新鲜或冰冻猪心 500g。

(2) 1mol/L H_2SO_4溶液。

(3) 1mol/L NH_4OH 溶液（氨水）和 2mol/L NH_4OH 溶液。

(4) 0.2% NaCl 溶液。

(5) 25%$(NH_4)_2SO_4$溶液。

(6) $BaCl_2$试剂（称 $BaCl_2$ 12g 溶于 100ml 蒸馏水中）。

(7) 20%三氯乙酸溶液。

(8) 人造沸石（80 目）。

2. 器材

绞肉机、电磁搅拌器、电动搅拌器、离心机、吸附柱（2.2cm×30cm）、500ml 下口瓶、烧杯（2000ml、500ml、400ml、200ml 各一个）、量筒、移液管、玻璃漏斗、玻璃搅棒、透析纸、纱布。

四、操作方法

1. 材料处理

取新鲜或冰冻猪心，切除脂肪、血管和韧带，剖开心房，反复洗净存血后，切成小块，放入绞肉机中绞碎。

2. 提取

（1）称取心肌碎肉500g，放入2000ml烧杯中，加蒸馏水1000ml。搅拌均匀。

（2）用1mol/L H_2SO_4溶液调pH为4，在25℃搅拌提取2h。搅拌完毕，用数层纱布压挤过滤，收集滤液。用1mol/L NH_4OH溶液（氨水）调pH至6.2。离心得提取液。

（3）心渣再加等量水，按上述（2）重复提取一次。合并两次提取液。

3. 中和

用2mol/L NH_4OH溶液调提取液pH至7.5，在冰浴中静置杂蛋白，虹吸上清液。所得红色上清液用人造沸石吸附。

4. 吸附

每升提取液加入10g 80目人造沸石，搅拌吸附40min，静置，倾去上层清液，收集吸附细胞色素c的沸石。

5. 洗脱

（1）用蒸馏水搅拌洗涤沸石3次，每次20min，继续用100ml 0.2% NaCl溶液洗涤4次，再用蒸馏水洗至洗液澄清为止，过滤抽干。

（2）剪裁大小合适的一块圆形泡沫塑料，安装入干净的吸附柱底部，将柱架垂直，柱下端连接乳胶管，用夹子夹住。将沸石装入柱内，然后将25%$(NH_4)_2SO_4$溶液缓缓加入吸附柱，洗脱。控制流速在2ml/min以下。流出液变红时开始收集，洗脱液一旦变白，立即停止收集。

6. 盐析

在洗脱液中加入固体硫酸铵粉末，边加边搅拌，使硫酸铵浓度达到45%，10℃以下静置1h，过滤，收集红色透亮的细胞色素c滤液。

7. 沉淀

（1）在搅拌下，按每升滤液25ml的量，缓缓加入20%三氯乙酸溶液，细胞色素c即沉淀析出。

（2）立即以3000r/min的转速离心15min，离心完毕，倾去上清液（如上清液带红色，应再加入适量的三氯乙酸，重复离心），收集沉淀的细胞色素c。

（3）将收集到的细胞色素c加入少许蒸馏水使之溶解。

8. 透析

（1）将上述液体装入透析袋内，放入500ml烧杯中，同时用电磁搅拌器搅拌，添加蒸馏水透析。每15min换水一次。

（2）换水3～4次后，检查硫酸根是否已被洗净。检查方法是：取2ml $BaCl_2$溶液放入试管中，滴加2～3滴透析外液于试管中，若出现白色沉淀，表示硫酸根未洗净，反之则表示透析完全。

（3）将透析液过滤，则得到清亮的细胞色素c粗品溶液。

五、注意事项

1. 盐析时，加入固体硫酸铵，要边加边搅拌，不要一次快速加入。

2. 三氯乙酸可引起细胞色素c活性丧失。因此其量应严格控制，温度冷却到5℃以下加入，防止局部浓度过高，要立即离心，迅速加水稀释、透析。

习　题

以本实验为例，总结出蛋白质制备的步骤和方法。

（王建新）

实验四　血清蛋白醋酸纤维薄膜电泳

一、目的和要求

1. 学习醋酸纤维薄膜电泳操作技术，了解其原理。
2. 测定人血清中各种蛋白质的相对百分含量。
3. 加强对等电点概念的理解。

二、原理

血清中含有清蛋白、α-球蛋白、β-球蛋白、γ-球蛋白等，这几种蛋白质的分子量、等电点、分子形状各不相同，但在 pH8.6 的缓冲液中均带负电荷，在直流电场中向正极泳动。分子量不同导致其移动的速度也不同。醋酸纤维薄膜电泳是以醋酸纤维薄膜为支持物，将少许新鲜血清用点样器点在浸有 pH8.6 的缓冲液的薄膜上，薄膜两端经过滤纸与电泳槽中缓冲液相连，并形成直流电场，借以分离血清蛋白质。用醋酸纤维薄膜电泳有快速省时、灵敏度高、测量精确和应用面广的优点。目前已广泛用于分析检测血浆蛋白、脂蛋白、脱氢酶、多肽、核酸及其他生物大分子。

人血清蛋白质各组分的等电点及相对分子质量见表 3。

表 3　I 血清蛋白质各组分的 pI 及相对分子质量

蛋白质名称	pI	相对分子质量	蛋白质名称	pI	相对分子质量
清蛋白	4.64～4.8	69000	β-球蛋白	5.12	90000～150000
$α_1$-球蛋白	5.06	200000	γ-球蛋白	6.85～7.5	156000～300000
$α_2$-球蛋白	5.06	300000			

正常人血清醋酸纤维薄膜电泳示意如图 1。

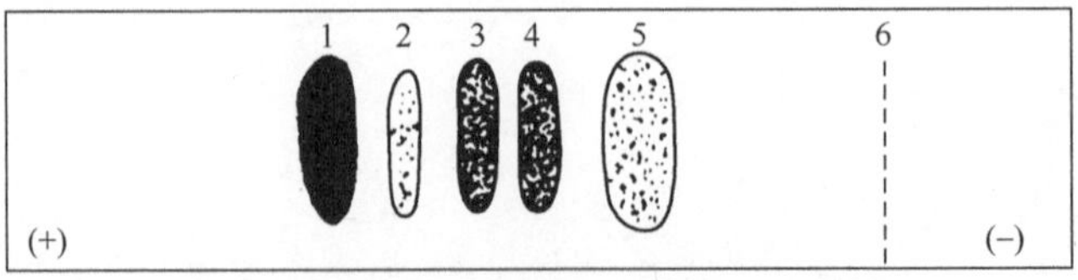

图 1　正常人血清醋酸纤维薄膜电泳示意

1—清蛋白；2—$α_1$-球蛋白；3—$α_2$-球蛋白；4—β-球蛋白；5—γ-球蛋白；6—点样线

三、材料、试剂与器材

1. 材料与试剂

（1）未溶血的人血清。

（2）巴比妥-巴比妥钠缓冲液　称取 1.66g 巴比妥（AR）和 12.76g 巴比妥钠（AR），置于三角烧瓶中，加蒸馏水 600ml，加热溶解，冷却后用蒸馏水定容至 1000ml。置 4℃保存，备用。

（3）染色液（0.5％氨基黑 10B）　称取 0.5g 氨基黑 10B，加蒸馏水 40ml、甲醇（AR）50ml、冰醋酸（AR）10ml，混匀溶解。

（4）漂洗液　95％乙醇（AR）45ml、冰醋酸（AR）5ml、蒸馏水 50ml 三者混匀后，置具塞试剂瓶中备用。

（5）洗脱液　0.4mol/L NaOH。

2. 器材

醋酸纤维薄膜（2cm×8cm）、常压电泳仪、卧式电泳槽、点样器、培养皿、粗滤纸。

四、操作方法

1. 仪器与薄膜的准备

（1）薄膜的准备　用竹夹子取一片薄膜，小心平放在盛有缓冲液的培养皿中。若漂浮于液面的薄膜在 15～30s 内迅速湿润，整片薄膜色泽深浅一致，则此薄膜可用于电泳。否则应弃去。对可用的薄膜压入缓冲液中浸泡 30min 后方可使用。

（2）电泳槽的准备　在两个电极槽中倒入等体积的缓冲液；在电泳槽的两个膜支架上各放两层用缓冲液浸湿的滤纸条，滤纸的一端浸入槽中缓冲液内。在滤纸与支架之间不要有气泡。电泳装置如图 2。

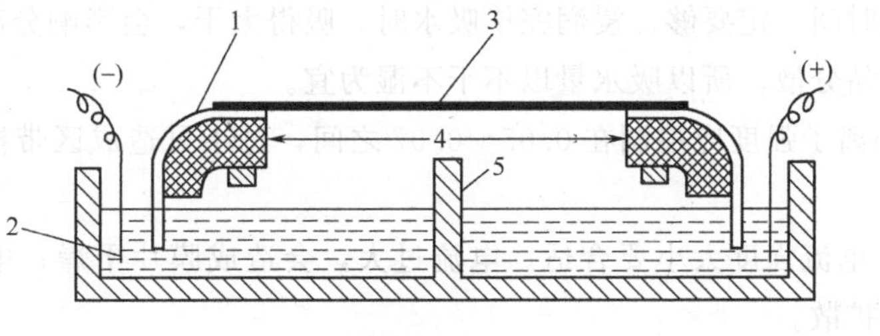

图 2　电泳装置示意

1—滤纸桥；2—电泳槽；3—醋酸纤维薄膜；4—膜支架；5—电泳室中央隔板

2. 点样

将浸泡好的薄膜取出，夹在两层粗滤纸中，吸干多余的液体，然后平铺在点样板上（注意无光泽面朝上）。用点样器蘸取血清，在薄膜一端 1.5cm 处轻轻地水平落下并随即提起。

3. 电泳

用竹夹子将薄膜的点样端平贴在阴极电泳槽支架的滤纸桥上（点样面朝下），另一端平贴在阳极端。薄膜一定要紧贴滤纸桥，中间不能下垂。若在同一电泳槽中安放薄膜较多，则薄膜之间应相隔几毫米。

薄膜安装完毕后，打开电源开关，调节电压至 160V，电流强度为 0.4～0.8mA/cm 膜宽。电泳时间 60～90min。电泳完毕后，调节旋扭使电流为零，关闭电泳仪并切断电源。

4. 染色

将薄膜条放在染色液中浸泡 10min。

5. 漂洗

将染色过后的薄膜条移到漂洗液中漂洗数次，直至背景蓝色脱尽。

6. 定量

将漂洗后的薄膜条用滤纸压平吸干，按分离得到的区带剪开，分别浸在加有 4ml 洗脱液的试管中，反复振摇，使其颜色充分洗脱。另取一支试管做空白对照（剪取薄膜条空白处一平均大小放入试管中，并加等量洗脱液）。用可见光分光光度计进行比色，波长为 620nm。读取各管的光密度值，按下述方法计算各蛋白质的百分含量。

吸收总和(T)＝清蛋白(A)＋α_1-球蛋白(α_1)＋α_2-球蛋白(α_2)＋β-球蛋白(β)＋γ-球蛋白(γ)

	正常值
清蛋白含量＝$A/T\times100\%$	54%～73%
α_1-球蛋白含量＝$\alpha_1/T\times100\%$	2.78%～5.1%
α_2-球蛋白含量＝$\alpha_2/T\times100\%$	6.3%～10.6%
β-球蛋白含量＝$\beta/T\times100\%$	5.2%～11%
γ-球蛋白含量＝$\gamma/T\times100\%$	12.5%～20%

五、注意事项

1. 薄膜的选择和浸润是电泳成败的关键。厚薄不均的膜会造成电泳区带不清，背景脱色困难。浸润时间一定要够。浸润完毕吸水时，吸得太干，会影响分离效果；含缓冲液太多，会造成样品分散。所以吸水量以不干不湿为宜。

2. 缓冲液的离子强度应控制在 0.05～0.07 之间，过小可造成区带拖尾，过大可造成区带过于紧密。

3. 电泳时，电流强度大小要合适。电流过大，会造成膜片干燥；电流过小，则样品泳动速度慢且易扩散。

习　题

1. 简述醋酸纤维薄膜电泳的原理及操作步骤。
2. 简述醋酸纤维薄膜电泳的注意事项。

（王建新）

实验五　DNA与RNA的制备

一、目的和要求

1. 学习从肝脏中制备DNA的方法。

2. 学习从酵母细胞中制备RNA的方法。

3. 掌握鉴别DNA和RNA的方法。

二、实验原理

细胞内的核酸通常与蛋白质结合形成脱氧核糖核蛋白和核糖核蛋白。脱氧核糖核蛋白易溶于1mol/L NaCl溶液，而核糖核蛋白易溶于0.14mol/L NaCl溶液，可利用不同浓度的盐溶液将两种核蛋白分开。将三氯甲烷-异戊醇混合液加入到脱氧核糖核蛋白溶液，振荡，离心，可除去蛋白质，再应用一定浓度的乙醇沉淀后，可获得DNA粗品。

苯酚可以破坏酵母细胞的细胞膜，并使蛋白质变性。利用苯酚溶液作用酵母细胞，产生的乳浊液经离心后分为上、下两层，上层水相中含有RNA和多糖，下层酚相中含有DNA和变性蛋白质；吸取上层液，在上层液中再加入苯酚，再次离心后可进一步除去蛋白质；离心后吸取上清液，用乙醇沉淀后，可得到RNA粗品。

三、器材及试剂

1. 器材

剪刀、组织捣碎机、玻璃棒、烧杯、量筒、离心机、离心管、吸量管、玻璃塞瓶、冰块。

2. 材料与试剂

(1) 动物肝脏。

(2) 酵母粉。

(3) 0.1mol/L NaCl-0.05mol/L 柠檬酸钠混合液　称取0.58g NaCl和1.47g柠檬酸钠，用蒸馏水溶解后稀释至100ml。

(4) 苯酚溶液　称取90g结晶酚溶于10ml水中。

(5) 醋酸钾粉末。

(6) 95%乙醇。

(7) 三氯甲烷-异戊醇溶液（24∶1，体积比）。

(8) 二苯胺溶液　使用前称取1g重结晶二苯胺，溶于100ml分析纯冰醋酸中，加60%过氯酸10ml，混匀。临用前，加入1ml 1.6%乙醛溶液（乙醛溶液应保存在冰箱中，1周内使用）。此试剂应为无色，若呈微蓝色，加少量活性炭，过滤去色。

(9) 地衣酚溶液　取 0.1g 地衣酚，溶于 100ml 浓盐酸，再加入 0.1g $FeCl_3 \cdot 6H_2O$。该溶液使用时必须新鲜配制。

(10) 0.1mol/L NaOH 溶液。

四、操作方法

1. DNA 的制备

(1) 取新鲜动物肝脏 20g，用 0.1mol/L NaCl-0.05mol/L 柠檬酸钠溶液冲洗除去血水，剪成小块状，再加入相当于肝脏质量 2 倍的 0.1mol/L NaCl-0.05mol/L 柠檬酸钠置于组织捣碎机中制备匀浆。

(2) 吸取部分匀浆置于离心管内，3000r/min 离心 15min，收集下层沉淀。

(3) 向沉淀中加入相当于 6 倍组织质量的 10%NaCl 溶液，充分振摇，以 2500r/min 离心 5～10min，取出上清液。

(4) 上清液中加入相同体积的三氯甲烷-异戊醇，充分振摇 10min，2500r/min 离心 10min，吸取上层液。

(5) 上层液中加入 2 倍体积的 95%乙醇，充分振摇，离心，得到 DNA 沉淀物。

2. RNA 的制备

(1) 称取 5g 酵母粉溶于 30ml 37℃水中，摇匀，再加入 30ml 苯酚溶液，室温下振摇 20min。

(2) 取上述乳浊液置于离心管中，以 3500r/min 离心 20min，吸取上层液。

(3) 在上层液中加入同体积苯酚溶液，充分振摇 10min，以 3000r/min 离心 20min，吸取上清液。

(4) 取一定量的上清液，加入适量醋酸钾粉末，使醋酸钾粉末浓度达到 2%，再加入 2 倍体积乙醇，混匀，以 3000r/min 离心 20min，得 RNA 粗品。

3. 鉴定

(1) DNA 的鉴定　取 DNA 沉淀物加入 0.1mol/L NaOH 3ml，溶解后，加入 4ml 二苯胺，混匀，沸水浴中加热 10min，冷却。溶液呈灰蓝色。

(2) RNA 的鉴定　取 RNA 沉淀物溶于适量蒸馏水后，加入 3ml 地衣酚，混匀，沸水浴加热后，冷却，溶液呈墨绿色。

五、思考题

1. 如何分离脱氧核糖核蛋白和核糖核蛋白？

2. 用什么方法鉴别 DNA 和 RNA？

（杨卫兵）

实验六 酶的性质

一、目的和要求

1. 学会酶的制备。

2. 验证酶的高效性和专一性。

二、原理

酶作为生物催化剂，它的主要特点是高效性和专一性。

酶能大大降低反应的活化能，从而加快化学反应速度，因此酶具有高度的催化效率。过氧化氢酶和铁粉都可加速过氧化氢的分解，但速度相差100亿倍，原因是过氧化氢酶作为生物催化剂具有高度的催化效率。本实验从氧气由水中逸出小气泡的多少来判断过氧化氢的分解速度，以此证明酶的高效性。

酶的专一性即酶对底物的选择性，即一种酶只能催化一种或一类化合物发生反应。唾液淀粉酶能水解淀粉中α-1,4-糖苷键，生成还原性葡萄糖和麦芽糖，使班氏试剂中蓝色的Cu^{2+}还原成砖红色Cu^{+}（Cu_2O沉淀）。但淀粉酶不能水解非还原性蔗糖α,β-1,2-糖苷键，因此不能使班氏试剂产生颜色变化。以此证明酶催化底物的专一性。

三、试剂与器材

1. 试剂与材料

（1）2%过氧化氢。

（2）还原性铁粉。

（3）1%淀粉溶液　称取可溶性淀粉1g，加5ml蒸馏水调成糊状，徐徐倒入80ml煮沸的蒸馏水中，不断搅拌，待其溶解后，加蒸馏水至100ml。此液应新鲜配制。

（4）1%蔗糖溶液。

（5）pH6.8缓冲液　取0.2mol/L Na_2HPO_4溶液772ml，0.1mol/L柠檬酸溶液228ml，混合后即成。

（6）班氏试剂　取柠檬酸钠173g和无水碳酸钠100g，溶于700ml热蒸馏水中，冷却，慢慢倾入17.3%$CuSO_4$溶液100ml（溶解17g$CuSO_4 \cdot 5H_2O$于100ml水中），边加边摇，加蒸馏水至1000ml。

（7）发芽马铃薯。

2. 器材

试管、试管架、烧杯（50ml）、吸量管、恒温水浴箱、电炉、沸水浴箱、滴管、药匙、酒精灯、试管夹、标签纸、火柴。

四、操作步骤

1. 酶高度的催化效率

(1) 将发芽马铃薯切成小块，分一半在沸水中煮沸几分钟，冷却备用。

(2) 取4支试管编号，按表4操作。

表 4

管序	H_2O_2/ml	生马铃薯	熟马铃薯	铁粉	水/ml
1	3	若干块			
2	3		若干块		
3	3			1小匙	
4	3				1

(3) 观察各管中气泡产生的多少，并解释原因。

2. 酶高度的特异性

(1) 淀粉酶制备　用清水漱口，清除食物残渣。再含蒸馏水30ml做咀嚼运动，2min后将稀释唾液收集于小烧杯中备用。

(2) 煮沸唾液制备　取上述稀释唾液约5ml于试管中，在酒精灯上煮沸1～2min，冷却备用。

(3) 取试管3支，按表5操作。

表 5

管序	pH6.8缓冲液	淀粉液	蔗糖溶液	稀唾液	煮沸唾液
1	20滴	10滴	—	4滴	—
2	20滴	10滴	—	—	4滴
3	20滴	—	10滴	4滴	—

(4) 各管摇匀，置37℃水浴保温10min左右，取出各管，加班氏试剂20滴，摇匀后，置沸水浴，直至发现变色为止（10min左右），比较各管变色情况，并解释原因。

习　题

简述各步骤操作的原理。

（姜秀英）

实验七　影响酶促反应速度的因素

一、目的和要求

1. 了解影响酶促反应速度的因素。

2. 通过本实验证明温度、pH、激活剂、抑制剂对酶促反应速度的影响。

二、原理

温度对酶活性的影响：在一定温度范围内，温度升高，酶促反应加快，反之降低。当温度升至某一特定值时，酶活性最高，此温度称为该酶的最适温度。高于此温度，酶蛋白变性，逐渐失活，反应速度下降。

pH 对酶活性的影响：pH 直接关系到酶蛋白及底物分子的解离和带电状况，影响酶和底物的亲和，从而影响酶促反应速度。当溶液的 pH 达到某一特定值时，酶的活力最高，该 pH 称为最适 pH。每种酶都有其特定的最适 pH。

很多物质可以加速或抑制酶的催化作用。前者称为激活剂，后者称为抑制剂。本实验分别观察 NaCl 及 Cu_2SO_4 对唾液淀粉酶的激活和抑制作用。

淀粉或淀粉的水解产物遇碘呈现不同的颜色，淀粉遇碘呈蓝色，糊精遇碘则根据其分子量大小依次呈现紫色、褐色、红色，碘与麦芽糖、葡萄糖不显色。因此，从颜色变化可了解淀粉水解程度，以此判断酶活性大小。本实验设置不同温度、不同 pH、不同试剂条件进行淀粉水解，从反应后遇碘的颜色深浅，可得出淀粉酶的温度、pH、激活剂和抑制剂对酶促反应速度的影响。

三、试剂与器材

1. 试剂和材料

（1）碘-碘化钾溶液　碘 4g 和碘化钾 6g，溶于 100ml 蒸馏水中，于棕色瓶中保存。

（2）pH3.0 缓冲液　取 0.2mol/L Na_2HPO_4 溶液 205ml，0.1mol/L 柠檬酸溶液 795ml，混合即得。

（3）pH8.0 缓冲液　取 0.2mol/L Na_2HPO_4 溶液 972ml，0.1mol/L 柠檬酸溶液 28ml，混合即得。

（4）pH6.8 缓冲液　取 0.2mol/L Na_2HPO_4 溶液 772ml，0.1mol/L 柠檬酸溶液 228ml，混合后即成。

（5）1%NaCl 溶液。

（6）1%$CuSO_4$ 溶液。

（7）1%Na_2SO_4 溶液。

(8) 1%淀粉。

(9) 稀释唾液 清水漱口，清除食物残渣。再含蒸馏水30ml做咀嚼运动，2min后将稀释唾液收集于小烧杯中备用。

2. 器材

试管、试管架、恒温水浴箱、沸水浴箱、标签纸、小烧杯、滴管、酒精灯、试管夹。

四、操作步骤

1. 温度对酶促反应的影响

取3支试管编号，按表6操作，并观察颜色，说明原因。

表6

管 序	pH6.8缓冲液	淀 粉	稀 唾 液	温度水平	保温时间/min	碘 液	颜 色
1	20滴	10滴	5滴	37℃水浴	10	1滴	
2	20滴	10滴	5滴	冰浴	10	1滴	
3	20滴	10滴	5滴	沸水浴	10	1滴	

2. pH对酶活力影响

取3支试管编号，按表7操作，并观察颜色，说明原因。

表7

管 序	缓冲液20滴	淀 粉	稀 唾 液	37℃水浴/min	碘 液	颜 色
1	pH3.0	10滴	5滴	10	1滴	
2	pH6.8	10滴	5滴	10	1滴	
3	pH8.0	10滴	5滴	10	1滴	

3. 激活剂与抑制剂对酶活性的影响

取4支试管编号，按表8操作，并观察颜色，说明原因。

表8

管 序	pH6.8缓冲液	淀 粉	稀 唾 液	各试剂10滴	37℃水浴/min	碘 液	颜 色
1	20滴	1滴	5滴	H_2O	10	1滴	
2	20滴	1滴	5滴	NaCl	10	1滴	
3	20滴	1滴	5滴	Na_2SO_4	10	1滴	
4	20滴	1滴	5滴	$CuSO_4$	10	1滴	

（姜秀英）

实验八　发酵过程中无机磷的利用

一、目的和要求

1. 验证糖无氧分解过程中无机磷的利用。

2. 巩固用分光光度法测定无机磷的原理和方法。

二、原理

在适宜的酸碱度和温度条件下，酵母菌可以葡萄糖为底物进行发酵反应。在发酵过程中产生的能量，贮存于 ATP 中，同时消耗无机磷。通过发酵后无机磷的含量的减少，可证明糖无氧分解过程中利用了无机磷。

三、试剂和器材

1. 试剂和材料

(1) 酵母　取新鲜酵母悬浮于蒸馏水中，离心，弃去上清液。如此反复洗涤多次后，将沉淀放在低温冰箱中冷冻结冰。

(2) 磷酸二氢钾（结晶）。

(3) 磷酸氢二钾（结晶）。

(4) 6mol/L 氢氧化钾。

(5) AMP。

(6) 2%三氯乙酸溶液。

(7) 米吐尔试剂　称取米吐尔 2g，亚硫酸氢钠 40g，共同研磨后溶于 200ml 蒸馏水中，过滤，滤液置于棕色瓶中备用。

(8) 钼酸铵溶液　取钼酸铵 20.8g，溶于 200ml 蒸馏水中。

(9) 过氯酸溶液。

2. 器材

锥形瓶（250ml），量筒（250ml），吸量管（1ml、10ml），离心机，恒温水浴箱，721 型、722 型、723 型或 724 型分光光度计。

四、操作方法

1. 测定发酵反应前无机磷的含量并发酵

(1) 将 1g KH_2PO_4 及 5.8g K_2HPO_4 溶于 30ml 蒸馏水中。另将 1g 100%AMP（按实际含量计算）溶于少量蒸馏水后，倒入上述磷酸钾溶液内，用 6mol/L KOH 溶液调至 pH6.5，置于 37℃水浴中保温 2h。

(2) 取酵母 50g，用 90ml 蒸馏水稀释，置 37℃水浴中 5min，然后倒入上述溶液中，再加 $MgCl_2$ 0.16g 及葡萄糖 5g，加蒸馏水至 160ml，混匀后取 1ml，进行无机磷的测定（方法如下所述）。

(3) 记录吸光度。此值代表发酵前发酵液中无机磷的含量，可与发酵后发酵液中无机磷含量进行对比。其余溶液放置在 37℃保温 2h。

2. 发酵液的处理

取发酵液 1ml 置离心管内，立即加入 2%三氯乙酸溶液 4.6ml，摇匀后在 3000r/min 条件下离心 10min。

3. 无机磷的测定

取离心所得上清液 0.3ml 置于试管内，加过氯酸溶液 8.2ml、钼酸铵溶液 0.4ml，摇匀。再加米吐尔（强还原剂）0.8ml，混匀。静置 10min 后，在波长 650nm 处测定吸光度，记录，并与发酵反应前所测得的数据进行比较。如吸收光下降，则说明在发酵过程中无机磷被利用了。

习　　题

1. 无机磷在糖代谢中的作用是什么？
2. 简述无机磷的测定步骤。

（劳影秀）

实验九　氨基移换反应的定性鉴定

一、目的和要求

1. 学习一种鉴定氨基移换作用的简便方法及原理。
2. 学会纸色谱的原理及操作技术。

二、原理

谷丙转氨酶主要存在于动物肝脏中，它可催化下列反应：

$$谷氨酸+丙酮酸 \rightleftharpoons \alpha\text{-}酮戊二酸+丙氨酸$$

本实验利用纸色谱法检查由谷氨酸和丙酮酸在谷丙转氨酶的作用下，所生成的丙氨酸，证明肝组织内的氨基移换反应。为防止丙酮酸被组织中其他酶所氧化或还原，可加入碘乙酸以抑制酵解作用或氧化作用。

三、试剂和器材

1. 试剂

(1) 动物肝脏。

(2) 0.1%碳酸氢钾溶液。

(3) pH7.6 缓冲溶液。

(4) 0.05%碘乙酸溶液。

(5) 1%谷氨酸溶液（用 KOH 中和至中性）。

(6) 15% 三氯乙酸溶液。

(7) 1%丙酮酸溶液（用 KOH 中和至中性）。

(8) 标准谷氨酸（0.1%）。

(9) 标准丙氨酸（0.1%）。

(10) 0.1%茚三酮乙醇溶液。

(11) 展开剂（乙醇：水：浓氨水=18：1：1）。

2. 器材

研钵、台称及剪刀、离心机及离心管、恒温水浴箱、玻璃毛细管、试管及试管架、电热吹风机、培养皿（两大一小）、喷雾器、滤纸（ϕ12.5cm、ϕ7cm）。

四、操作方法

1. 酶液的制备

取 1.5g 动物肝脏，剪碎，放入研钵中，加 3ml 磷酸缓冲液研成匀浆，分倒入离心管内，离心 5min（2500r/min），取上清液，为制备的酶液。

2. 体外氨基移换反应

取 2 支试管，按表 9 操作。

表 9

管号 步骤	1	2
第一步	酶液 10 滴	
第二步		15%三氯乙酸 10 滴，摇匀，静置 15min
第三步	1%谷氨酸溶液 10 滴	
第四步	1%丙酮酸溶液 10 滴	
第五步	0.1%碳酸氢钾溶液 10 滴及碘乙酸溶液 5 滴	
第六步	混匀，置 37℃恒温水浴中保温 1.5h	
第七步	15%三氯乙酸 10 滴，摇匀	

3. 纸色谱法检查转氨基的效果

(1) 取直径为 12.5cm 的滤纸，用铅笔划成四等份，并依次标上：样品、标准丙氨酸、对照、标准谷氨酸；在滤纸的中心划一边长 1.5cm 的正方形作为展开用的基线（见图 3）。

(2) 取 4 支毛细管，分别将样品上清液、对照品上清液、标准谷氨酸溶液、标准丙氨酸溶液点在相应的展开用基线上。点样时毛细管只需轻触滤纸即可，不可形成太大的斑点，以免影响所形成的色谱图。为保证有足够量的样品在滤纸上，每种溶液应重复点样 4 次或以上。每次点样后，应等斑点干了（可自然风干，也可小心用酒精灯烘干，但应注意别烘糊了）再点下一次。点样量力求均匀。

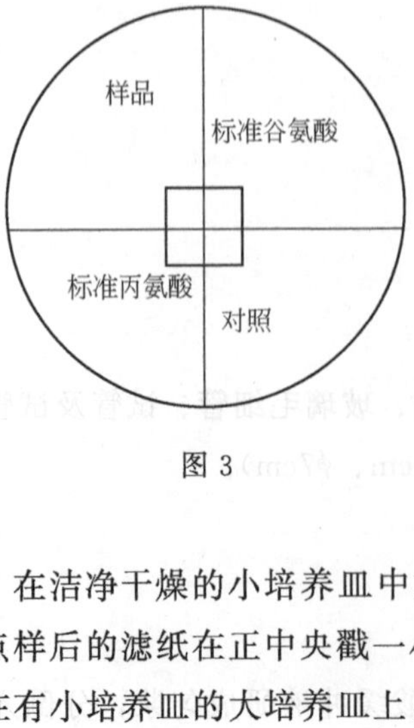

图 3

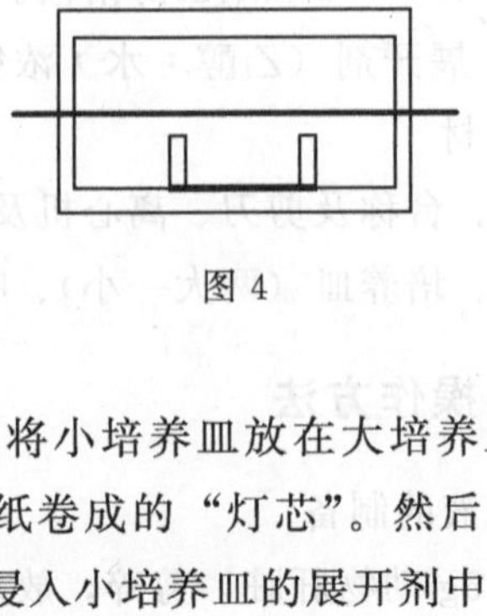
图 4

(3) 在洁净干燥的小培养皿中加入约 2ml 展开剂，将小培养皿放在大培养皿的正中央。将点样后的滤纸在正中央戳一小孔，插入一个用滤纸卷成的“灯芯”。然后，把该滤纸平放在有小培养皿的大培养皿上，并使“灯芯”下端浸入小培养皿的展开剂中，再在滤纸上盖上一个大培养皿（见图4）。待展开剂前沿到达距滤纸边缘0.5cm处时，取出滤纸，去掉“灯芯”，用吹风机吹干。

(4) 用喷雾器向滤纸均匀喷洒0.1%茚三酮乙醇溶液，用热风吹干。氨基酸与茚三酮反应，在滤纸上呈现紫红色斑点，分析比较色谱图，确定各斑点的氨基酸组成，并解释结果。

（劳影秀）

参 考 文 献

1 王镜岩等主编．生物化学．北京：高等教育出版社，2002

2 黄诒森主编．生物化学．北京：人民卫生出版社，2002

3 李建武主编．生物化学实验原理和方法．北京：北京大学出版社，1994

4 王淳主编．实用生物化学与分子生物学实验技术．武汉：湖北科学技术出版社，2003

5 熊宗贵主编．生物技术制药．北京：高等教育出版社，1999

6 李良铸主编．最新生化药物制备技术．北京：中国医药科技出版社，2001

7 李崇勇等主编．生物化学实验．南京：东南大学出版社，2001

8 薛莉珠主编．生物化学实验．北京：中国医药科技出版社，2002

内 容 提 要

本书是全国医药中等职业技术学校教材之一，由全国医药职业技术教育研究会组织编写。全书共分 11 章，以正常人体的组成物质及代谢为主线，介绍了蛋白质、核酸、酶、维生素、糖、脂类等物质的组成、功能以及在体内转化的一般规律。根据职业教育的特点，着重介绍了生化药物等内容。在实验内容的编写上，也突出实用性。本书可供医药中专各专业使用。